金商道

The positive thinker sees the invisible, feels the intangible, and achieves the impossible.

惟正向思考者，能察於未見，感於無形，達於人所不能。 —— 佚名

Setting the Table

The Transforming Power of Hospitality in Business

我在世上最困難的行業中，打造事業

美國傳奇餐飲大亨翻轉商業模式、影響全球的款待藝術

知名漢堡連鎖店 Shake Shack 創辦人、USHG 執行長

丹尼．梅爾 Danny Meyer——著

顧淑馨——譯

丹尼・梅爾——喚醒溫暖人心的魔法師

前台灣大學管理學院副院長、EMBA執行長、達康慈善基金會董事長
黃崇興 博士

重讀這本書，讓我突然想再看一次一九八七年奧斯卡最佳外語片《芭比的盛宴》（*Babette's Feast*）。我覺得丹尼・梅爾就是那個能把訥澀苦寒環境下冰冷的人心，用食物喚醒的魔法師。也讓我想起清末民初，粵劇名家南海十三郎的父親，末代進士，官拜翰林，人稱「太史公」的廣東江孔殷，不但以詩書飲食自娛，也是羊城首席美食家。他不會燒菜，但善於營造美食的環境，自己栽種創新的四時果菜，精研美食，力求中西合璧，知味和味，但求切合時宜與情境。

人說「三代富貴方知飲食」，丹尼・梅爾便是超越這句古話的西方實例。因為他的父母親，長期在歐洲工作、旅遊，甚至在當地創業；並由衷熱愛法國、義大利的文化與飲食，以及充滿待客之道的餐飲精神。種種的經歷，讓丹尼・梅爾從小耳濡目染，「親口」體會，因

而養成他的樂觀主義與著重體驗的人生。年輕時，充分體驗各式飲食成為他「熱愛餐飲」的基礎。他認為食物的滋味與它代表的意義，既是營養也是愛的象徵。

他是一個力行「吾少也賤，故多能鄙事」的人。除了努力多吃長經驗之外，他還想知道怎麼做，於是——從小就嘗試做菜，上家政課學烹飪，大學透過在歐洲打工當導遊，助人助己累積在餐廳用餐的經驗，研究別人的菜單，用舌頭與心分辨出它們的特色。決定入行時，從前場的日班副理做起，好奇多問，爭取在內場工作；跟隨美食記者跑攤學習「挑嘴」，甚至正式到法國、義大利學習廚藝，逛當地市場認識食材；仔細觀察拜訪過的餐廳，一一記錄其裝潢設計、菜單、照明設備、建築、地板、座位安排、有什麼特別吸引人的因素，以及受到什麼樣的待遇。

以「運動員式」的待客之道作為經營方針，策略上有攻有守。攻是有創意地增加顧客的用餐經驗；守是不斷地減少錯誤，化解顧客的不滿。他要求員工變成顧客的「經紀人」，而不是餐廳的守門員。同時巧妙地把不同的情境特色融合在同一空間裡，讓地方性、鄉土味、饕客的聖殿、羅馬家庭的用餐環境，能夠同時展現出來。於是就出現了——講究的烹飪技巧，符合時令的菜色，用心優雅的款待。他的團隊就是要讓顧客「感受款待」，而不只是沒有靈魂的「專業服務」而已。

他可說是哈佛大學教授詹姆斯・海斯科特（James L. Heskett）服務利潤鏈，以及企業社會責任的最佳實踐者。**他經營事業，用心要款待的對象，優先次序是：員工↓顧客↓所在社區↓供應商↓投資人**。他希望培養出一百分的員工，款待精神占五十一分，技術精良則占四十九分。這五十一分的款待精神包含：樂觀、溫暖、智慧、敬業、同理心，絕對的責任感與誠實。更鼓勵員工的正向人性面：記取犯錯的教訓，保持愉快，放鬆心情，讓員工與顧客產生「共同擁有這一家餐廳」的情感。

綜合丹尼．梅爾的座右銘便是：「堅持核心價值觀，訂定不容妥協的標準；要多收穫，就多付出；秉持慷慨的精神，適切地解決問題；餐廳的經營就是『情境、情境、情境』」。我相信，有志於餐飲服務業的讀者們，都能在書中領略他的「魔法」。

成功的祕訣？夢想、趨勢與用心

迷客夏副總經理
吳家德

我在四十歲那年生日，寫下一段話自我勉勵。「讓自己的人生，成為別人有趣的事件；讓別人的人生，成為自己成長的關鍵。」意思很簡單，就是希望自己活出精采的人生，並持續向厲害的人學習。而作者丹尼．梅爾的創業故事與經營理念，就是我可以學習成長的對象。出社會至今二十多年，我只從事三種行業：前兩年在「飯店」業，之後有二十年在「銀行」業，近幾年則在「手搖飲料」業。這些行業屬性雖然不太一樣，但有一個共通點，就是都是「服務」業。既然是服務業，強調的就是「以人為本；以客為尊」，而「客戶是寶，愈多愈好」便成為我大力宣揚的服務宗旨。

讀完這本書，不僅經歷了作者的創業之路，也藉由他字裡行間的人生經驗，順道回顧自己對職涯發展與商業模式的見解。我讀到了三點心得，想要和讀者分享。

第一，只要有「夢想」，外行都能變內行：作者非餐飲科班出身，算是半路出家。卻憑著對「食物」與「服務」的雙重熱愛打造出非凡事業。而能成功的關鍵因素，我覺得還有一個原因，就是作者出社會的第一份工作是當「業務」。他曾經是業務高手，連續三年榮膺公司的業務冠軍。也因為做過業務，知道挫折是家常便飯，讓他更有機會成功。

第二，只要懂「趨勢」，創意都能變創新：複製已經存在的東西，不是作者要的。他巧妙地將「烹飪技巧」、「細心款待」、「時令菜色」融合為一，讓用餐的美好時光成為顧客的極致享受。第五章談「誰規定不能這麼做？」更可以看出作者從不依賴舊有的商業思維營運，而是用打破常規的思考模式創業。

第三，只要肯「用心」，過客都能變常客：我最佩服他所說的：服務是獨白，款待則是對話。唯有透過人與人的交談，才能有款待的存在。文內的ＡＢＣＤ法則（時刻不忘蒐集點滴資訊），和我以前在金融業談ＫＹＣ（know your customer，了解你的顧客）有異曲同工之妙。

當然，本書還有許多觀念值得學習。比如第七章的「五一％用人法」讀來更是感同身受。作者不斷宣揚唯有找到「對的員工」，才有機會打造高績效團隊。他說：「把最大的花費用在請到最好的人才上，才能真正抓住顧客，成就事業。」這本好書不單只是描述一位企業家的成功歷程，還有許多寶貴人生智慧可供咀嚼，我非常樂意推薦。

傳奇餐飲大亨帶你晉級「一〇%的勝利者聯盟」

勞動部等各大機構講師、前鼎泰豐主管
嵇德明

「款待式服務」與「超越顧客期待」是服務業最難達到的境界，作者丹尼・梅爾在書中提供了通往此處的安全道路，值得你一探究竟。以下我將提出三個服務業管理重點，皆來自個人多年的體會與觀察。

1 品牌建立八年功，品牌毀滅八秒鐘

據統計，優質品牌形象平均建立約需八年或更久，但是無腦的客訴處理方式，瞬間（八秒）就能摧毀多年建立的招牌。以下二個無腦式「品牌終結聲明稿」，一定要避免。

聲明一：供應商問題、員工個人問題、政府把關問題，負責人都沒問題；聲明二：賠償手續冗長，並且僅對問題單一原料賠償。

除了抱怨客訴不能輕忽外，服務業內外部有許多隱形石頭，石頭下面躲著「細節」，

細節是魔鬼化身？還是天使化身？全看你對他有多在意。如果你在意細節，建議可學習下列我彙整的十大類管理學：面對特殊、新、熟顧客；內、外部抱怨（意見）；知識管理；產品創新；定價；尖峰時段（等候時間）；行銷、品牌形象；領導、溝通與激勵；環境氛圍、軟硬體設備；溫度（款待）服務與主人學。

2「感動員工」與「員工感動」；「感動顧客」與「顧客感動」

如何提供「款待式（感動）服務」？答案就在「服務金三角」：雇主、員工及顧客。雇主運用技巧，來「感動員工」，員工心中，就會對主管產生深刻難忘的感受，這種心情就是「員工感動」。深受雇主感動的員工，一定會提供「超越顧客期

服務金三角

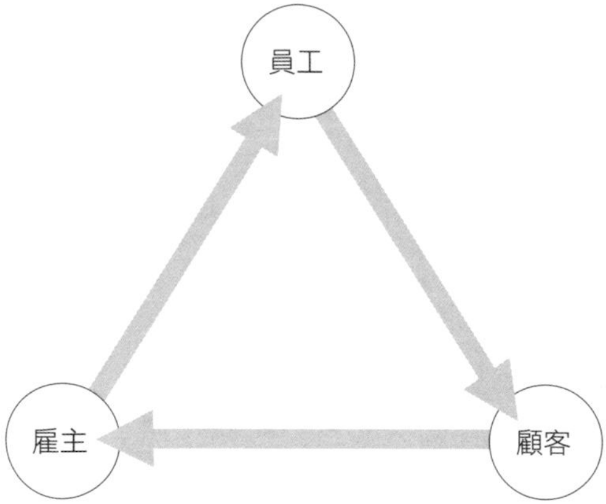

待」的款待服務來「感動顧客」。接下來，顧客內心會對這服務產生難忘的感受，這種感受就是「顧客感動」。而款待服務之最高境界，就是做顧客的「解憂雜貨店」。

3 有效的領導、溝通與激勵的技巧

主管該運用哪些技巧來「感動員工」？在此我提供幾類經過實證，有效的「領導、溝通、激勵」技巧。

親密：傾聽、多問、少說、尊重、愛心、微笑、幽默、親切、眼神、委婉、實現承諾。

熱情：讓員工自我實現，建立榮譽感，心中產生很有尊嚴、價值、非常自豪的感覺。

制度：建立公平完善之「三節、年終、福利、調薪、分紅、配股、獎勵、懲罰制度」；「級職等維持與晉升制度」；「績效考核制度」；「命令布達制度」；「授權制度」；「招募制度」與「創新制度」。

猴子與獅子：用馬戲團模式來思考人才與招募。香蕉，只能請到猴子；牛肉，卻能請到獅子。你要當猴王老闆？還是獅王老闆？

品牌在展店初期，常有排隊人龍爆滿的蜜月期。卻忘了，真正的功夫是「長銷」，不是短暫「熱銷」。如何避免被這種燦爛煙火迷惑，成功晉級「一〇%的勝利者聯盟」，脫離「九〇%的失敗者聯盟」。個中訣竅，就在丹尼．梅爾這本自傳式的祕笈當中。

員工與顧客一樣重要！發揮最大服務能量的關鍵

外商航空資深座艙長
空中老爺

熱情款待的完美循環、讓服務能量發揮到最大的關鍵是——「員工、顧客最重要，投資者排最後」。丹尼．梅爾在經營最困難的餐飲服務事業時，設定了一個中心主旨：把讓人愉悅的殷勤款待帶給員工、顧客、社區、供應商，最後是投資人。這套優先順序他稱之為「有智慧的殷勤款待」，而其事業品牌的所有決定，都以此為評價標準。

這樣的經營態度，成功地讓他的事業成為國際知名的餐廳品牌，總是吸引大排長龍的人潮；也因為這樣的品牌價值，讓他可以有比別人更多的機會，突破傳統，開創新局。

餐飲服務業的競爭環境愈趨激烈，若受限於傳統束縛而不敢嘗試突破時，是無法再贏得顧客人心的。《我在世上最困難的行業中，打造事業》一書，透過丹尼．梅爾的特質，努力地把餐飲服務做得到位，也談到許多餐飲服務的標準作業流程，並且在每個流程裡為顧客設計更暖心的細節。遠遠超過制式的餐飲服務經營模式，這不只是丹尼・梅爾的工作理念，更是他成功的人生哲學。

不論你是新創公司、老牌企業，或是街邊平凡的小店，所有經營者都擁有一個相同的目標——試圖找到使企業成長的最佳途徑。基本功夫人人都知道，但差別在你的行動是否讓顧客有感。多數企業認為提升顧客體驗，就是給顧客最好的服務，但丹尼・梅爾的理念則是**把重心聚焦在員工身上**，職員開心，才能帶給顧客歡笑，願意主動想出抓住顧客的方法。企業想要成長，運用的不外乎是基本觀念，但重點在於**大觀念底下的細節**。

在講究「標準化中存有差異化」的餐飲服務領域，《我在世上最困難的行業中，打造事業》一書道出許多餐飲服務經營的精髓。閱讀本書，相信可以為餐飲服務業提供更多獨到且受用的觀點。而書中淬鍊出的理論與實務守則，將一步步地引導你邁向成功經營餐飲服務的康莊大道！

目錄

前言

我在世上最難經營的行業中，打造事業

過去的二十一年，我創辦了五家鋪著白桌巾的美食餐廳；一家燒烤店；一家氣氛佳的爵士俱樂部；一個賣蛋奶凍、漢堡和熱狗的新式路邊攤；紐約現代美術館（Museum of Modern Art，MoMA）內的三家咖啡店，以及一家餐廳級的外燴公司。到目前為止，還不曾有失敗的經驗，也希望永遠不會有這種經驗。

我的生意完全攤在公眾眼前，任人評頭論足。人們爭論自己喜愛的餐廳時，其熱烈程度不下於討論政治或宗教議題。經營餐飲業若想歷久不衰且成長茁壯，就不能志得意滿。每次探聽，總會發現又多了積極的新競爭對手，想要引起民眾和媒體的注目及喜愛；民眾和媒體也迫不及待想嘗嘗新餐廳的口味，給它打分數。

我從來沒想過做別的行業。我天生就是要當老闆，而且命中注定要走可以與人分享自己喜愛事物的行業。對旅行、美食和美酒的熱愛，是最早讓我走上餐飲業的原因。就像其他創業家一樣，我連自己是否有選擇餘地都說不上來：即便從沒考慮過餐飲業，它也會找上我。

這麼多年之後，餐桌帶來的樂趣依舊激勵著我不斷在事業上精進。然而，真正驅使我每天早上起床工作，並且寫下這本書的力量，來自於我深信**人類具有提供並接受款待**（hospitality，編按：源自古拉丁文 hospes，為「客人」之意；現在多被人認為是尊重別人與自己的不同，平等地為他人提供服務）**的強烈本能需要**。嬰兒出生沒多久，都會收到四件人生最早的禮物：眼神接觸、微笑、擁抱，還有食物。儘管日後仍會收到許多別的禮物，但很少能夠勝過上述四件。或許因為這是我們一生中所受到最純粹的「款待」，所以終其一生都渴望再獲得這些禮物。至少我知道自己是如此。

這點體會，以及我想要好好利用它的決心，是讓我事業有成的最大推力。經驗告訴我，善於款待別人極為重要，對象從為我工作的人開始，繼而依序是顧客、社區鄰里、供應商以及投資人。這與某些傳統商業模式恰好相反，我稱之為「有智慧的殷勤款待」（enlightened hospitality）。我們所有的商業決策和一切成就，均以此為基礎。

從前就有人告訴我，**餐飲業是世上最難經營的行業之一**。的確，餐廳裡各個環節都充滿變數，使這工作特別具有挑戰性。要把餐廳經營好，必須十八般武藝樣樣精通，包括選擇地點、雇用員工、洽談協商、訓練人員、採購用料、編製預算、設計、製造、烹飪、品嘗、定價、銷售、服務、行銷及招待客人。所有的努力，都是為了生產出一個令人快樂，並且感到安心的產品。此外，這一行與其他製造業不同，當顧客消費和體驗產品時，你人也會在現場，可以立即看出顧客的反應。那是相當複雜、參雜感情因素的事。

本書不同於一般的商業書籍，更不是教人該怎麼做的參考手冊，而是一個個**引領我走進餐飲業的真實人生經驗**。從事這一行，也讓我學了好多有關事業與人生的功課。一路走來，我學到寶貴的教訓和表達方式，讓我得以有目標地而非靠直覺來領導。在撰寫此書的過程中，我沒有特意去做研究，也沒有蒐集證據，或者訪問任何人。但願這不致減損各位的閱讀樂趣。

各位可能以為，我從事的是供應美食的事業，我自己過去也這麼認為。然而，比供應美食更重要的，應該是**為人類的經驗和關係創造積極正面、令人振奮的成果**。事業就像人生，不外乎你能帶給別人什麼感覺。一切就是那麼簡單，卻也如此困難。

CHAPTER 1

第一道菜

殷勤款待是我的基本經營理念。

在任何商業交易中，最重要的莫過於給人的感覺。

當你相信對方是在替你著想，就代表殷勤款待是存在的；反之亦然。

事情「專為」你而做就是殷勤款待；如果只是「交差了事」，那就無所謂殷勤。

「專為」和「交差了事」兩個簡單的概念，一切盡在此言中。

我對人生的了解，得自人群的知識多過來自書本，而我對人的了解有不少是從他們所吃的食物中體悟。每年總有些日子，我是在旅途上，一個人或者與家人、朋友、同事結伴同行。每到一個地方，得空的第一件事，便是去參觀當地的食品市場、點心店、肉鋪和雜貨店。我會去看陳列在餐廳外的菜單，旁觀當地人與商販你來我往的討價還價。遇見看起來像本地居民的路人，我會問他們，如果像我一樣只能在此地待一、兩天，他們會去哪裡用餐。**凡是注重飲食文化的地區，往往也會重視生活、歷史和傳統**。我特別留意帶有地方特色的習性，也就是別處看不到的飲食方式，對尋找各地特產、美食餐廳始終樂此不疲。

從最早有記憶以來，我一直是以眼、口、鼻在吃東西。四歲時愛上邁阿密海灘「淺水湖」（Lagoon）餐廳的石蟹，一吃就停不下來（要是有人肯聽口齒不清的我發表意見，我也會說個不停）。此外，我還記得自己在佛羅里達州西嶼（Key West）吃萊姆派；在聖塔巴巴拉（Santa Barbara）城外山上，吃下生平第一個路邊買的起司堡；在舊金山漁人碼頭品嘗黃金蟹和醃鮑魚；在緬因州歐岡奎（Ogunquit）吃龍蝦堡。

七歲時，跟著父母到法國南西市（Nancy）旅遊，吞下生平第一個法式蛋塔；在塔洛爾鎮（Talloires）首次嘗到瓶裝礦泉水（Evian 和 Vittel）的滋味；也清楚記得安錫湖（Lake Annecy）湖水的滋味，因為在湖裡游泳時嘗過。普羅旺斯的山城旺斯聖保羅（Saint-Paul de Vence）的金鴿餐廳（La Colombe d'Or），我發現了野草莓和法式鮮奶油；在巴黎的杜樂麗花園（Jardin des Tuileries）吃到夾在法式麵包裡的香腸加辣芥末。

母親堅持要我寫旅遊日記，讓我的寫作能力大增。儘管當時我實在不喜歡，但這是她給我的最佳禮物之一。我記下的不是參觀過什麼博物館或教堂，而是每一樣吃過的食物。

回到聖路易，我對家鄉父老的飲食習慣同感好奇。念小學時，我從家裡帶午餐到學校後，會跟同學交換三明治一起吃。倒不是因為同學的午餐比較好吃，而是我知道這是認識別人最好的方法。我從未聽說過「奇妙醬」（Miracle Whip），直到某天與同學交換燻腸三明治（白麵包夾一片燻腸，再加奇妙醬），才知道有這種醬，味道與我家用的 Hellmann's 美乃滋完全不一樣。我開始依照喜歡 Hellmann's 還是奇妙醬口味，去認識不同的家庭。我也發現對面人家用的烤肉醬，是氣味濃烈但較稀的正統聖路易 Maull's 品牌，我家則是用流行的 Open Pit 牌子，再以它為基底添加其他調味料。我學到用哪個牌子的花生醬，加哪個牌子的果醬比較好吃；有些家庭選用亨氏（Heinz）番茄醬，有些愛用 Hunt's 或 Brooks。我慢慢認識了不同廠牌番茄醬口味的差異，也變得在乎這些差異。

這段在食物世界裡探索的經歷，不僅幫助我了解自己和他人，並因此讓我進入餐飲業，或許也正是讓我的餐廳口味頗受好評的原因。同時我也相信，一定有人知道該如何使某種食物變得更好吃一點。這段探索和發現的過程給了我許多啟發。

我在紐約市經營的餐廳及其他事業：聯合廣場餐廳（Union Square Cafe）、格拉梅西小館（Gramercy Tavern）、十一號麥迪遜公園（Eleven Madison Park）、塔布拉（Tabla）、藍煙（Blue Smoke）、爵士標準（Jazz Standard）、奶昔小站（Shake Shack）、現代（The Modern）、二號咖啡廳（Cafe 2）、五號平台咖啡廳（Terrace 5），加上哈德遜庭院外燴公

司（Hudson Yards Catering），所有的構想及動力全來自一股熱情。就是對於我所謂現狀與期待間的對話，想要增添新意的熱情。

我決定開辦印度風味的塔布拉餐廳時，曾列出十項紐約一般印度餐廳應具備的條件，包括合乎預期的菜單、繁複的裝潢、以西塔琴（sitar）為背景音樂、嚴格的服務和款待等。繼而我捫心自問：對於紐約客與印度餐館來說，塔布拉還可以貢獻什麼？

或許因為我們既要學又要教，這家餐廳初期的發展並不順利，可是它的表現超出我預期的目標，開創了美國「新印度」菜，並且培養了一群忠實顧客。塔布拉有多麼成功，或許可以從仿效者紛紛出籠中看出。

不論是印度香料、美國新美食、社區小餐館、烤肉店、豪華餐廳、大聯盟爵士俱樂部、傳統美術館自助簡餐店，或者漢堡及奶昔，我向來都是全心全意地探索自己感興趣的每個主題，再把我找到的最佳範例，結合預期之外的東西，創造出新鮮的情境。然後再問自己和同事，怎麼做才能更好。開新餐廳，甚至設計食譜，就像作曲：音階中只有那幾個音符，所有的旋律及和聲都是用這些音符組成，而竅門就在於**如何利用過去不曾有過的方式加以組合**。我們不斷面臨的挑戰，正是如何結合精緻餐飲最精華的元素與殷勤的款待，也就是親切熱忱地歡迎顧客。

幾乎所有行業都適用——
去做「超越顧客期待」的嘗試！

這在餐飲業一度是個頗激進的概念。過去，優質美食總是配上冷淡僵硬的服務。如今，我們開始朝另一個方向發展，開設氣氛隨興的烤肉店或奶昔漢堡攤，再僱請殷勤周到的員工、使用最上等的原料，做出**超越顧客期待**的嘗試。這種策略基本上是知易行難，不過幾乎所有行業都適用。

為什麼我如此渴望以仔細用心和始終如一的態度提供美食？為什麼我對探索和發掘最好的食物興致高昂？答案來自我的家庭，儘管家庭對我的影響彼此之間經常矛盾。我人生中最重要的三位男性榜樣，是三個經營理念、個性全然不同的生意人！

我的雙親羅珊（Roxanne）與莫頓．路易斯．梅爾（Morton Louis Meyer）在一九五〇年代初結婚，之後兩年住在法國洛林省（Lorraine）的南西市。家父是派駐當地的陸軍情報官，祖父是聖路易商人莫頓．梅爾（Morton Meyer），曾就讀普林斯頓（Princeton）大學，後來經營湯森海華化學公司（Thompson-Hayward）。祖父是位有遠見的民間領袖，也是死忠的共和黨員，但他也明白與民主黨的合作很重要。例如他和賽明頓（Stuart Symington）參議員，曾協力為建造聖路易的防洪堤募款，並促成必要的結盟。他在聖路易是有頭有臉但不苟言笑的名人，很少與家人談論自己的工作，卻常常跟我聊棒球和賽馬。

祖父在許多方面和大膽、愛冒險創業的兒子——我的父親，正好相反。家父也畢業自普林斯頓大學，有語言方面的天分，在校學會流利的法文、義大利文及拉丁文（英文也很棒，曾擔任《普林斯頓日報》（*Daily Princetonian*）副總編輯）。

母親同樣出身優渥的中西部家庭。外祖父艾爾文．哈里斯（Irving B. Harris）是個相當特殊的人——有精明的商業頭腦，又具備社會意識，對於我做人以及成為餐廳老闆這兩件事影響很大。他畢業於耶魯大學，不到四十歲便賺到第一筆財富，與兄弟一起創辦東尼家用品公司（Toni Home Permanent Company），並在一九四八年以當時的天價二千萬美元，賣給吉列安全刮鬍刀公司（Gillette Safety Razor Company）。

外祖父敏銳的商業分析頭腦，與家父直覺式的冒險創業作風大異其趣。小名莫提（Morty）的父親，對於經營公司總有一大堆新鮮、富想像力的點子；外祖父則熱中於投資或購併別人的事業，把資金下注在企業高階領導人的個人素質上。對他而言，評估人的潛力與提出商業構想同樣重要。

我景仰外祖父，敬畏他在事業上的成功。從他身上我看出了自己的好勝心，也開始相信自己有獲勝的潛力。但是多年來，誤以為順從父親就得壓抑對外祖父的愛，也因此抑制了對自己的自我實現。外祖父與父親可能一度感情不錯，卻隨著時光流逝而愈來愈厭惡對方。如果逼外祖父說出真正的意見，他會形容我的父親是個不可測、不負責的賭徒。家父則認為他的岳父是個專橫的暴君，絲毫不肯放鬆對女兒以及家族中每個人的控制，所以私下稱他「老大」。翁婿間的對立關係對我父母親的婚姻造成破壞，兩人在結縭二十五年後離婚。

一九五五年，父親在海外服役期滿，當時雙親仍然十分相愛，也喜歡歐洲。他倆對法國的認識和喜愛，是維繫情感的一大力量。我從小就常與家人一起出國度假，在那些旅程中浸淫於歐洲餐旅業者所展現的優雅待客作風。那是一種歷久不變的文化。我們經常住在法國的民宿裡，那裡的待客之道充滿感情，美食也與眾不同，幼時的旅程留下了不可抹滅的印象。上菜時附帶的擁抱，往往讓食物吃起來更美味！這種體會逐漸演變成我的經營策略：**以殷勤款待為核心，處處替顧客設想**。

父親在聖路易把所有對法國事物的愛好投注在事業上，創辦了概念新穎而成功的旅行社。他珍愛的收藏包括《美食家》（*Gourmet*）、《假期》（*Holiday*），以及後來的《旅遊與休閒》（*Travel and Leisure*）雜誌，幾乎每一本都買。他經營的旅行社叫「大道旅遊」（Open Road Tours），提供量身打造的套裝旅遊行程，並經常與「全法家庭式旅店網」（Relais de Campagne，後來變成 Relais et Châteaux，如今已是聲譽卓著的國際小型豪華旅店網）合作。父親十分喜歡規畫開車遊歷鄉間的行程，他會提醒遊客在哪裡會碰到什麼葡萄園、有哪些值得一看的博物館或特別好吃的小館。父親的貼心使他深受客戶歡迎，生意蒸蒸日上，當我對別人提起父親是旅遊業重要組織「美國旅遊業者協會」（American Society of Travel Agents，

ASTA）的會長時，心中充滿了驕傲。

他和母親一樣崇尚歐洲風。兩位經常為法國、義大利和丹麥來的朋友或生意上的合作對象，舉辦雞尾酒會。這些人有的是來此出差，有的是專程繞道來聖路易看我們。有幾年，我們家成了法國旅店老闆成年子女的家。這些年輕人白天在父親的辦公室幫忙做翻譯和行政工作，晚上則充當姊姊南西、弟弟湯米和我的家教，以此交換食宿。在我眼中，他們彷彿是法國的非正式文化大使。家中總是不時會聽到法語，像是晚餐時間或他們想討論一些不適合我們聽到的話題時。

我們家那隻神經兮兮的法國純種獅子狗，取名就來自父親最喜歡的普羅旺斯菜——Ratatouille（意為燜燉蔬菜）。直到今天，那道菜的辛香辣味，以及和大蒜、橄欖油、茄子在平底鍋裡吱吱作響的聲音，仍讓我回味不已。餐桌上一定有瓶薄酒萊村莊（Beaujolais-Villages）酒。每當我們在烤架上慢烤特厚嫩牛排時，若滴下的油脂讓爐火衝得太高，父親自有一套控制火舌的祕訣：把牛排浸在他正在喝的紅酒裡。那當然是火上加油。

父親無疑是我心目中的英雄：他是快樂主義者、美食家，也懂得珍惜生命、體驗人生。他熱愛賽馬場的冒險刺激，即便我還太小、不能下注，他也會讓我嘗嘗個中滋味。到賽馬場玩，是梅爾家的傳統。每年八月，我的祖父母幾乎都待在紐約州的薩拉托加（Saratoga），每週六天到馬場報到。父親連做生意也酷愛冒險；愛好旅遊和美食的他，總想與別人分享他的新發現，新點子源源不絕。大道旅遊旅行社一度在芝加哥、洛杉磯、紐約和巴黎設有辦事處，後來更在歐洲廣設據點。我永遠記得他驕傲地炫耀一張旅行社的股票，上面的投資人是美國老牌女星艾娃・嘉娜（Ava Gardner）。父親在紐約聘請了一位宣傳專家艾隆（Ethel Aaron），此人以絕妙的手法幫父親推廣生意，像是讓他上《誰是真的》（*To Tell the Truth*）節目演冒充者。八歲大的我會驕傲地向朋友吹噓爸爸上電視的事。

六〇年代末，當時我還很小，旅行社突然倒閉了。我依稀記得許多淚水和羞愧，但對細節的印象模糊。我記得大人們說過這樣的話：「我們擴張太快。」而我的念頭是：「我的英雄失敗了。」祖父母也因此倍受折磨。父親是總經理，叔叔當副總經理，無論旅行社倒閉的原因是什麼，都在他們兄弟間造成嚴重的裂痕。當叔叔和嬸嬸帶著我摯愛的堂弟妹離開紐約另起爐灶時，我整個人感到崩潰。母親極度難過，她的失望和非難顯而易見。儘管家人不願公開談論細節，卻深感傷痛。

一九七〇年，在我十二歲時父親跳進旅館業，去了義大利。儘管母親再三懇求，外公也是心有不甘地借他一百萬美元，父親仍執意簽下長期租約，在羅馬和米蘭各開一家旅館。他深信經營旅館可以致富。不過，跨洲經營旅館終究是行不通的，長時間的在外奔波，生意卻始終沒有起色。最後他總算找到願意接手的人，但也付出了龐大的財務代價。不久，他又開始進行下一個構想。

一九七二年，超級樂觀的父親又創辦了一家公司「凱撒事務所」（Caesar Associates）。這家公司以超低折扣銷售市場規模很小的套裝團體旅遊，對象是「航空從業人員」，即航空公司的員工和家屬。航空業組織「國際航空運輸協會」（International Air Transport Association，IATA）的會員，可以用低到令人難以置信的票價，搭乘候補機位班機。

父親想到的商業模式很簡單，但從沒有人做過。他彙集所有IATA會員可享受的折扣，包裝成最長兩週的套裝旅遊。除了低價機票，他又談出食宿、交通、觀光和購物的谷底價格。在附加價值方面，他提供極富創意的行程，並以團體旅遊蘊含的購買力，創造出物超所值的誘人產品。他在每個景點都雇用年輕出色的導遊，撰寫源源不絕的行銷文案，不斷把各種旅遊機會告訴客人。他文筆好又擅長編輯，直接寫信給客戶的做法，在多年後給了我靈感，讓我創辦自己的顧客刊物，以聯繫並擴大聯合廣場餐廳的客源。父親不忘糾正刊物中的每個文法錯誤，或是刪除贅字。（不用說，如果他還活著，一定也會對本書有意見的！）

凱撒事務所其實風光過幾年，在倫敦、巴黎、哥本哈根、馬德里和羅馬都有據點。可惜父親不滿足。他並沒有學到一九六〇、七〇年代生意失敗的慘痛教訓，所以又把賺來的全部財富，投在另一樁新生意上：在聖路易從事高風險的房地產及旅館買賣。他在聖路易共擁有兩家旅館，其中一家「七面山牆」（Seven Gables Inn）以及法國餐廳「露易絲」（Chez Louis）頗受好評。至於另一間旅館「丹尼爾希爾頓」（Daniele Hilton）和成績平平的「倫敦燒烤」（London Grill），不論從哪方面看來都是失敗的。

父親把整個公司抵押，借錢來買這些旅館，又在密蘇里州的克萊頓（Clayton）買下一棟醫療大樓，打算重新開發成驚天動地的案子。不過當他把整棟大樓原有的租戶全部請走後，公司已出現嚴重赤字。金主紛紛撤資，並對他提出告訴。他或許是創意不斷的創業家，可是缺乏必要的情緒技巧或節制，又未能重用忠誠可靠且有才幹的員工，好讓他們的長處彌補自己的短處。一九九〇年，在父親於五十九歲因肺癌過世前不久，他再次破產。我們全都感受到一種似曾相識的痛苦。

現在回想起來，父親經營事業的方式有如賭博，我一直引以為誡。為了避免重蹈他過度快速擴張的覆轍，我始終留心別把生意擴張太快。我並不反對冒險，可是我嚴格自制，也不想抱著賭徒心態。即使在賽馬場上賭輸十美元，我也會耿耿於懷，但我願意為了新餐廳而賭上百萬美元。

當下注在自己身上時，我非常願意冒險，因為我會與有才幹、人品佳的員工為伍。相反地，父親在自認為很行的地方，從不覺得有必要與比他高明的人較量。他需要覺得自己很重要，喜歡得到別人的認同，他必須當王，這是他把公司定名為「凱撒」的原因。我雖然也喜歡當領頭者，可是最大的喜悅是——**領導一個團隊，而非獨力坐上王座**。殷勤款待是一種團體合作。

有一點要說清楚的是：父母二十五年的婚姻是靠著許多因素而維繫的，包括兩人共同的興趣。這在我身上留下不可抹滅的印象，也幫我做出很多生意上的抉擇。雙親均喜好現代藝術，各有敏銳的收藏眼光。多虧他倆明智的選擇和有先見之明的收購，我有幸得以在名家的作品中長大，培養出優於一般人的鑑賞力，也學會與他人分享對藝術的熱愛。

全家人對音樂也有共同的樂趣和喜好。在我記憶中，家中音響總是播放著原聲唱片。每個燠熱潮溼的夏天，我們都會去聖路易露天的慕尼可歌劇院（Muny Opera）看音樂劇。冬季的時候，則是到城裡的美國劇團（American Theater）觀賞巡迴演出的百老匯音樂劇。父親知道所有劇中歌曲的歌詞，卻永遠唱不準曲調。每次喝多了就唱著走音的歌曲，而且愈來愈大聲、愈來愈誇張。

旅行也是。父母每年至少兩次單獨度假，另外再帶著子女度三次假。耶誕節和復活節假期，經常在佛羅里達州度過，每逢暑假全家旅遊的時間最長可達三週。六歲那年我們去加州（安德森豌豆湯鋪〔Pea Soup Andersen's〕、漁人碼頭的發酵酸麵包和鮑魚，令人難忘）。七歲去法國，我對每件事都留下深刻印象：早餐喝的熱巧克力，苦到必須放兩顆方糖；發酵的法國棍子麵包；法式鮮奶油和鹹鹹的深黃色奶油。八歲那年到新英格蘭，吃了炸伊普蛤

（Ipswich clams）、龍蝦堡、奶油醬、濃濃的奶油蛤蜊湯，還有金黃色印度布丁。

隨著時光流逝，旅行的意義逐漸變成父親要離家兩、三週，可想而知母親會感到孤單難過。雖然我很少說出來，但是我同情母親。我們喜歡玩有輸贏的拼字遊戲，也會在每天下午五點半一起看晚間新聞。我跟她一樣專注於當天發生的大事，當然也不忘關注聖路易紅雀隊（St. Louis Cardinals）的戰績。我倆政治立場相同，那些時刻是我們母子關係的避風港，不過當時我會不自覺地為父親辯護。

隨著父母關係惡化，我與母親的關係也生變，夾在愈演愈烈的家庭齟齬當中。然而排行中間的我，受到各方力量的拉扯，反而練就往來折衝、談判，以及與逆境奮鬥等有用的技巧，日後在事業和生活上幫了我很大的忙。

身體的發育，加上對沒吃過的食物來者不拒，十二歲的我有點發胖。記得母親帶我到百貨公司買衣服，我們逛的是以往有「壯漢部」之稱的專櫃。她擔心我吃得太多，可是控制食量對我來說等於是種懲罰，只會讓我更貪吃。當時流行靠計算卡路里來節食，外公給了我一本書，裡面列出地球上幾乎所有食物的熱量。他答應我每減輕一磅，就給我一美元。母親開始以超薄培伯莉白麵包（Pepperidge Farm）製作只有一片麵包的三明治給我吃。

星期天早上，我和弟弟湯米（他常是我偷吃的共犯）清晨六點便起床，輕手輕腳地打開冰箱，找裡頭的剩飯剩菜吃。我們用煮鍋來做美式起士三明治（如果用煎的，會有很濃的奶油香，把每個人都喚醒）。我也可以熟練地切下一片密爾瓦基（Milwaukee）Usinger's燻肝腸，再小心地回復原狀。無所不知的母親從未逮到過。

十來歲時，為了食物與母親關係緊張，後來我經營餐廳有成，除了外公，最高興的莫過於她。外公原本勸我不要碰這一行，但直至他老人家在二〇〇四年以九十四的高齡過世前，他始終以我的成就為傲。外公和母親兩人拚命提醒我該吃什麼、不該吃什麼，反而加強了我對食物的愛戀；食物的滋味及其所代表的意義，既是營養也是愛的象徵。

我曾在威斯康辛州北部參加尼巴加蒙夏令營（Camp Nebagamon）度過六個美妙的暑假，學會在野外生火做飯。這個夏令營只限男生參加，家父、伯叔、舅舅、堂表兄弟們都參加過，有助強化我在家裡學到的道德和倫理守則。星期日晚上的營火會是每週固定活動，鼓勵參加者講述有關倫理的小故事。這些故事教導我，應該在精神上與大自然及環境融為一體。

週五晚上是烹飪夜，我們學習自己劈柴；尋找可以引燃火苗的木材；準備做菜原料；用吊在火上的烤盤，或把自製錫箔紙包埋在煤炭下，來燻、烤、燜肉。我們學著用鋁製「反射爐」，把它擺在爐坑附近，藉火發出的熱反射到烤盤上烤蛋糕。

每棟小木屋都要推選一位代表，參加夏令營一年一度的「主廚帽」（Chef's Cap）大賽，這是尼巴加蒙的最高烹飪榮譽。十二歲時，我被小組推選為代表。我毫不客氣地大展身手：做招牌、挖爐坑、清理周遭環境，把露營區整理得像露天餐廳，讓顧客願意上門。我洗切材料、烹煮，完成三道菜的全餐。評分標準不止菜色，還包括清洗鍋碗瓢盆、熄滅爐火、填平爐坑等，其中最重要的一項是能否「讓營地變得比原來更整潔」。（這個觀念，至今仍是我衡量事業與人生成就的一個主要標準。）

所有參賽者各拿到一袋完全一樣的食材：四顆馬鈴薯、一整隻雞、四個檸檬、一條奶油、兩把芹菜、兩條胡蘿蔔、一個番茄、一盒蛋糕材料，以及一些鹽與胡椒。整個過程得花上一整天。我一心只想搶第一，做了多汁的檸檬雞，以及放在餘火裡燜熟的馬鈴薯，配上很入味的番茄沙拉及香草夾心蛋糕。最後我得到第一，其實是與另一人同列第一。我的雞顯然最好看也最好吃，不過我被扣了幾分，因為我烤的兩個蛋糕有一個從反射爐的架子上滑下去，掉進火裡。我及時救出那個蛋糕，可是來不及清掉上面的爐灰，就直接塗上糖霜。咬在嘴裡別有一番口感和煙燻味！

十來歲時的我便開始替朋友做菜。我利用很簡單的材料，例如熱狗或德國蒜腸，從中間切開，裡面塞起司，再用一片燻肉包起來，放在烤肉爐架上烤。我也自創獨門特製烤肉醬，用 Open Pit 牌烤肉醬為底，拌入番茄醬、大蒜泥、伍斯特醬（Worcestershire）、紅糖、少許辣椒粉，以及大量黑胡椒碎粒。我從完全不會，到學會做美味披薩，並以自創的塔可餅（taco）為傲。朋友來我家，都很愛吃家裡的餐點（除了家母做的燒烤雞肝），每次的例行公事是打籃球、美式足球、曲棍球或桌球，然後做菜，大家樂此不疲。

到了青春期，食物依然是我社交生活的重心。十年級時，我在家政課上學烹飪，同班只有兩個男生，而我追求的不止是烹飪方面的興趣。那一年我從男校聖路易鄉村高中（St. Louis Country Day School），轉學到男女合校的約翰布洛高中（John Burroughs School）。布洛高中是所優秀但要求極高的獨立學校，在那裡我第一次為女生而分心，學業成績因此大大退步。對十五歲的我來說，最重要的便是追求漂亮女生、在街頭比曲棍球、在草地上打美式足球、打網球，還有帶著收音機上床，貼著耳朵傾聽紅雀隊的比賽實況，或是聖路易藍調隊（St. Louis Blues）的曲棍球賽。

此外，我生命中有個從未間斷的主題就是美食。每週六晚上我和朋友們都會不約而同地聚集在牛排奶昔屋，大啖細薯條、起司牛排堡和奶昔。在牛排奶昔屋度過的夜晚，是我最懷念的吃漢堡經歷。至於，漢堡是不是天下最好吃的並不重要。（數十年後，這些美好回憶給了我靈感，促使我在紐約麥迪遜廣場公園〔Madison Square Park〕開設了Shake Shack。）

若是比較講究的約會，我會帶女生去通稱「小丘」（the Hill）的義大利區吉歐凡尼餐廳（Giovanni's）。那裡的烤義式餃、貝殼通心麵和小牛肉片非常好吃。更重要的是，老闆賈布．瑞爾（Giovanni Gabriele）總讓我覺得自己在約會對象面前像個年輕的重要人物——老闆允許我簽支票付帳。不過這是因為父親是這家餐廳的常客，所以在這裡有簽帳戶頭。偶爾我會和父親一起來用餐，他總會點上一瓶好酒。當時的我經常趁侍者不注意時，喝掉至少半杯酒，剩下的父親會解決。他在這裡像帝王般被對待，對我來說，同樣是很美好的經驗。

多年後的現在，我明白自己對父親仍保有一種近乎反常的忠誠，甚至不惜違背自己的最佳利益。當他遭逢事業與婚姻失敗時，我仍然努力維護他高高在上的地位。我們一起玩各種紙牌遊戲，他幾乎盤盤都贏我；我的網球技巧好到可以入選單打校隊，可是我絕對不讓自己打敗父親。無論比什麼，潛意識總是跟我作對：對我縛手縛腳，而讓父親勝券在握。

升上約翰布洛高中畢業班後，過去幾年成績欠佳的後果，導致我只申請了三所大學。收到大學通知那天，我大失所望：普林斯頓和布朗大學（Brown University）都未錄取我，就連康乃迪克州哈特福（Hartford）的三一學院（Trinity College），我也只勉強得到備取。外祖父打電話來，說他有辦法讓我進芝加哥大學（University of Chicago），他在那裡捐了不少錢。我不想這麼做，事實上連考慮都不能；父親一定會認為我去讀芝大，無異是向敵隊投降，會讓他臉上無光。更何況我也不願屈服在強勢外公的意旨下，我要展開自立的人生。

我知道該怎麼做。我卑躬屈膝地寫了封感人的懇求信給三一學院。努力總算有了回報，我收到正取通知，免於無校可讀的窘境。體內沉睡的運動家競爭精神終於從冬眠中甦醒。一九七六年，我自約翰布洛高中畢業，離家讀大學，從此大夢初醒。

在三一學院的第一學期我幾乎每科都拿A。我急於向校方證明，也向自己證明，當初沒有錄取我是錯的。自尊心和不服氣是我努力的動機，也從心目中的棒球英雄吉布森（Bob Gibson）身上找到許多啟示。記得他擔任紅襪隊投手時，有個在第一輪打出全壘打的球員，第二次上場時卻被他輕鬆解決。至今對我最有效的激勵法，就是別人告訴我——**我的能力不止於此**。

讀完大二後，我到羅馬工作，擔任凱撒事務所接待員和同業旅遊團的導遊。（梅爾家三個孩子年滿二十歲後就得做這份工作：姊姊南西在丹麥當交換學生，然後就留在哥本哈根工作；弟弟湯米十幾歲便到法國當交換學生，最後也留在巴黎工作。）我們的義大利套裝行程分為三種，一種是走訪那不勒斯（Naples）、蘇連多（Sorrento）、卡布里（Capri）和龐貝（Pompeii）；另一種是深度羅馬遊；最頂級的則是「義大利經典行」，搭乘巴士走遍阿西西（Assisi）、佛羅倫斯和威尼斯，再回羅馬。

我把這視為學習殷勤款待的魔鬼訓練營。父親的客人抵達義大利時，經常因為旅途勞頓而脾氣欠佳，我努力滿足他們的情緒需求，雖然辛苦但是收穫豐富。在機場接到隔夜飛來的遊客，大家一起上遊覽車，在車上我會拿起麥克風，先說明行程。接下來到旅館，我幫忙他們辦好手續，住進房間，讓他們小睡一下。幾小時後，再把這群睡眼惺忪的人聚集起來，參加下午的歡迎會，享用阿斯蒂葡萄酒（Asti Spumante）和藍姆酒蛋糕。

第一件要做的事是：找出最難纏的客人，贏得他們的好感。我在羅馬發現了一些家庭式小館（其中我最喜歡 La Taverna da Giovanni，休假時會開心地去大啖培根雞蛋義大利麵和烤豬），同時把這些美食勝地告訴客人，他們都很喜歡這種建議。只要情況許可，我會隨機更動父親訂的正式行程，把客人載到其中一家道地的餐館享用美食。不但我可以免費吃一餐，老闆還會另外給我每名客人一千里拉的佣金，讓我在最喜歡的咖啡吧，吃頓卡布其諾加奶油蛋捲和杏仁露的早餐。我樂於賺小費，這種外快來得輕鬆愉快，不止餐館老闆，客人也會給我豐厚小費，感謝我帶給他們特別的義大利之旅，把他們招呼得很周到。

父親曾擔任尼加拉瓜航空公司（Lineas Aereas de Nicaragua）的「顧問」（每年費用一美元），使他得以享受不可思議的同業票價。我身為顧問之子，滿二十一歲前也有資格以四十四美元購買飛往歐洲的來回機票；大學四年每逢長假，我只要打通電話給父親，他就會手開一張機票，寄給我。我的義大利文就是靠在學校修課和在當地旅行學來的。我瘋狂愛上羅馬、佛羅倫斯和威尼斯。

一九七七年，也是我大二那年，雙親終於分手。此時父親愈來愈喜歡在公眾場合大動作地表現自己：胡亂開車或不顧酒量猛喝酒；事業上繼續做出愚蠢的決定。家庭分崩離析，我也愈來愈向食物尋求慰藉。

大三下學期我又回到羅馬。這次是在羅馬的三一學院遊學四個月，表面上是修習國際政治、義大利文和藝術史，其實我真正的目的除了想要離家遠一點外，就是為了吃。我背下《米其林義大利指南》（*Michelin Guide to Italy*）裡的每家羅馬餐廳（雖然入選米其林的多半比我喜歡的小餐館體面），住在修道院的小房間裡，那是三一學院為了美國學生在艾凡汀山丘（Aventine Hill）租的，睡在閃爍於夜色中的十字架下（我想我是第一個從聖路易來、睡在十字架下的猶太教徒）。

新任教宗若望保祿二世選定我們修道院、來祝禱的那一天，是個不同凡響的日子。（我永遠忘不了，站在群眾之上，為同學拍攝受教宗祈福的照片時，被教宗安全人員從椅子上推下來。後來才知道教宗祝禱時，不可以有人站在椅子上！）

我幾乎每晚都出外用餐，自己一個人或與朋友一起，走遍每條偏僻的街道，研究每家小餐館外的菜單，不斷尋找各家餐廳獨有的特色。當我住在羅馬及後來經常回去時（多虧我有IATA卡，編按：旅遊代理業專業人士身分證明），總發現每家餐館的菜色都大同小異，令我相當好奇。每家都有培根雞蛋義大利麵、阿瑪翠斯醬汁吸管麵（bucatini all'amatriciana，編按：以鹹豬肉製成）、番茄起司燉茄子、羅馬式牛尾。可以看得出來，羅馬的餐館強調在細微處表現特色：每位廚師對同一道經典菜都有獨門做法。此外，尚有重要性與菜色不相上下的細膩處：誠心誠意待客，使常客就像一家人。

若民眾對傳統感到自信和滿意，每天吃飯不需更換不同種類的食物，這種社會要不愛上它也難。我漸漸喜歡把用餐當做一種規矩：每晚在同一時間，與同一群人，吃同樣的東西。等到我為紐約市民開設餐廳時，便打定主意要把所有在義大利學到的應用出來，而羅馬的餐館是我最豐富的靈感來源。

一九八〇年我自三一學院畢業後，搬到芝加哥，在公共電視台短期打工，試試看能否當記者。之後又去當安德森（John Anderson）競選總統時庫克郡（Cook County）的競選幹事，週薪二百十四美元。安德森由獨立黨（Independent Party）提名，競選對手是卡特（Jimmy Carter）和雷根（Ronald Reagan）。儘管雇用我的候選人慘遭滑鐵盧，那段殘酷激烈的經驗耗盡了我的政治熱情，也教給我一、兩樣管理心得。

競選志工沒有薪水可拿，理念和理想是唯一的報酬，我學著管理他們，從此把每個員工都當成志工看待。如今即便薪酬是主要的激勵因子，我仍然很清楚，我的員工是為了公司代表的形象才選擇這裡。我相信夠資格進我們公司的人，一定也能在別處找到薪水相當的職位。因此除了待遇，我們還應該給員工想要替我們工作的充分理由。

除了待遇，
應該給員工想要替我們工作的充分理由。

我決定下站一定要去紐約。就讀三一學院時，我喜歡到紐約過精采充實的週末。我會開車前往，整天參觀博物館或賽馬，晚上吃館子、看百老匯表演或聽爵士樂。我愛好紐約的脈動，決心在那邊住個一年左右。這一次我沒有拒絕外公幫忙，他替我在生產和銷售防扒手的電子標籤及壓力感應標牌的「關卡系統公司」（Checkpoint Systems）找到工作，規模不大但不斷成長（外公是草創時期的主要投資者）。

一九八一年，我受雇擔任特別專案經理，年薪一萬六千五百美元，主要工作是協助業務員。做滿一年時，另一個職位出缺，公司要我負責整個紐約區的推銷業務。不久我便成為公司最佳業務員，負責紐約都會區，佣金收入近十萬美元。很快地，我就掌握每個擁有藥妝店、服飾店、雜貨店、外套店和鞋店的紐約零售業家族，知道每家的枝枝葉葉如何分布。我直接打電話給陌生的潛在客戶，到處認識人，走訪紐約每一處偏僻角落。

根據替安德森打選戰的心得，我四處為自己**建立群眾基礎**。這對日後開餐廳來說，又是不可或缺的一課，幫了我很大的忙。

我也變成替公司訓練商家使用各種防盜方法與工具的專家。公司派我到全美各地出差、訓練客戶。一有空檔，我必定去品嘗當地的餐館，也有一些重要的美食新發現。在底特律，我造訪金蘑菇（Golden Mushroom）和倫敦排骨屋（London Chop House）。在加州，我嘗過開「新美國菜」風氣之先的幾位名廚手藝，包括帕克（Wolfgang Puck）、華特斯（Alice Waters）、麥可．米勒（Mark Miller）、陶爾（Jeremiah Tower）。

在帕克開的斯巴哥餐館（Spago）試吃他的新浪潮披薩，材料有鴨肉臘腸和椎茸。這家餐館不奢華卻有趣，來此品嘗漸漸流行的樸實美國菜，感覺很棒。新美國菜以簡單、新鮮的義式和法式烹飪為基礎，這些是我從小就喜愛的，再結合加州當地的當季食材。當紐約還沉浸於老派法式、義式烹飪時，西岸已經有許多變化。

不過我還是最喜歡紐約。連續三年我都是公司的冠軍業務員，想要出人頭地的競爭心持續激勵著我。除了自己以外，我沒有人要扶養，經濟壓力不大，就把餘錢存在銀行裡。我愛好藝術，外公每年送我現代美術館的會員資格，我盡可能善加利用，經常去參觀。從參加展覽開幕酒會得知，紐約的社交生活不只限於上東區（Upper East Side）的酒吧。我十分樂於為自己安排每天的行程，這使我益發認清，**我再也不要替別人工作**。

即便在「關卡」公司，按規定我的主管是業務經理，但我卻在東區無電梯公寓裡的自宅為自己工作。我在公司內建立了自己的小公司，自訂日程、業務策略，超越公司為我設定的任何目標。父親和祖父、外公都是自己當老闆，自己經營公司；母親曾開過畫廊。我有一股無法遏止「拚命要贏」的衝動，在此時它到達高峰。

我最欣賞「關卡」公司的就是，我的辛勤努力可以帶來金錢報酬及自尋樂子的機會。我把紐約一一吞下肚，在城裡四處做小小的探險，興奮地到處吃館子和學東西。我在地圖上，把工作需要拜訪的地方標出來，再根據必須去哪一區、到哪家餐廳吃飯，來決定行程。也許是在明星餐廳（Astoria）吃希臘菜，也許是吃猶太簡餐、布魯克林的卜派炸雞店（Popeye's

Fried Chicken），甚至是皮克史基爾市（Peekskill）的橄欖園（Olive Garden，當年該市最好的餐館）。晚上吃飯時，我會依照《紐約時報》（*The New York Times*）餐廳評論家喜來登（Mimi Sheraton）的推薦，或者自己去尋訪新地方。

此外，我也不放過任何到歐洲旅行（現在是搭乘大眾捷航〔People Express〕，單程票價一百四十九美元）的機會，以便探查那邊的飲食。

我與兩個死黨席布魯克（Connor Seabrook）和格蘭特（Zander Grant），一起開車旅行十七天，從巴黎開到羅馬再開回來，一路上完全只在找好吃的餐廳。這趟美食探險是父親為我們設計的，他對於能夠重拾自己擅長的事，感到很高興。那時的美元匯率高，我們三個胃口奇大的年輕男子可以吃得豐盛又花費不多。我喜歡在觀光客不常去的地方，尋找物超所值的店；貴的館子反而不太能引起我的興趣。品酒方面，我一定喝Saint Veran，不喝Pouilly-Fuissé；喝白皮諾釀的酒（pinot bianco），不喝灰皮諾釀的酒（pinot grigio）；喝Saint Aubin，不喝Puligny-Montrachet。

回到紐約，我像發了瘋似地照著食譜和《美食家》雜誌做菜。我住在約克維爾（Yorkville），那裡以德國肉鋪和匈牙利香料店著稱。我跟一位與眾不同的廚師學做菜，這位活躍的女士艾布洛莫夫（Andrée Abramoff），是埃及出生的猶太人，童年分別在法國和埃及度過。她開的餐廳「安德蕊地中海料理」（Andrée's Mediterranean Cuisine），是我的最愛之一。她在七十四街的自宅教烹飪，餐廳也開在這裡。我跟她學會了希臘菠菜起士派、法國馬賽什錦魚湯和羊肋排。此外，我還和好友一起報名紐約餐廳學校（New York Restaurant School）的餐廳管理課程，那時他正在接受美國信託（U.S. Trust）的銀行業務訓練。我們討論過要合夥開餐廳；他負責管錢，我負責管餐飲。可是好友才上過兩次課就放棄了，轉去念企管碩士，開餐廳的計畫無疾而終。這對我是傷心的事；對他卻是明智之舉。

一九八三年末，「關卡」公司請我在倫敦開設據點。我面臨人生的十字路口。海外工作的機會固然誘人，可是無論在哪兒工作，「抓小偷」從來不是我從小到大的夢想。在「關卡」工作那幾年，我個人成長不少，了解商場上的競爭對我很重要，帶給我極大快樂，也讓我體會到自力更生、不必向別人開口的感覺有多過癮。我才二十多歲，一年賺十二萬五千美元，而且只需對自己負責。我把賺到的佣金大筆投入公司在市場上交易的股票，在我任職期間，股價由每股二美元上下暴漲至十二美元。我為公司賺錢，也從公司身上賺錢，這種感覺真的很棒。

然而此時，我該繼續往不同方向發展了；我應該長大，追求自己的終生志業。於是，我報名卡普蘭補習學校（Stanley Kaplan），準備考律師執照。我的新計畫是先當律師，再以此為將來從政或擔任公職做準備，那是我的美夢。

考法學院入學考試前一晚，我在第二大道的艾利歐餐廳（Elio's）與姨媽、姨丈一起吃飯，外婆也在座。我刻意不喝酒，因為明天一大早就要上考場。我對姨丈說：「真不敢相信，我明天居然要考這什麼入學測驗。我根本不想當律師。」

姨丈用惱怒的語氣問我：「那你幹嘛考？你明明知道自己不想當律師。為什麼不做你這輩子打算要做的事。」

「什麼事？」我問他。

「你這問題是什麼意思？從小你嘴上講的和心裡想的就是食物和餐廳。你去開餐廳算了。」

這個主意讓我覺得既陌生，又似正中要害。翌日早晨，我以完全輕鬆的心情考試。從那一刻開始，我就準備起跑了。

花了近二年時間，我才為我的餐廳找到地點、名字及菜單。不過，單憑直覺我已經知道，未來的經營方式將綜合反映我的志趣、熱情、樂事，以及形塑我這一生的家庭背景。

我會以父親的開創精神，有效結合祖父和外公的強力商業領導、社會責任和積極參與慈善事

事業和生活與「擁抱」相似。
想得到擁抱最好方法，就是先擁抱別人。

業，踏入餐飲業。提供他人兩樣自己渴望的東西：美食和殷勤款待。我開始了解，事業和生活有很多地方與擁抱相似。想得到擁抱的最好方法，就是先擁抱別人。

十分幸運，我在餐飲業發生革命性改變的時刻走進這個行業。直到近二十年，開餐廳才被視為正經的創業之舉，成為迷人的事業。不但廚師和餐廳老闆得以享有高知名度，餐廳本身也成為地方上的名勝。這種轉變使我有機會推動及完成一些真正有意思的事情。

CHAPTER 2

正式入行

複製已經存在的東西，不是我想要的。

一九八五年十月二十日晚間，我們舉辦開幕派對。

那是個令人暈陶陶、好像做夢的時刻，不論未來餐廳經營好或壞，

開幕此刻代表著我事業和人生的重大突破。

我流下的是極度喜悅、難過，以及鬆了一口氣的眼淚。

一九八四年一月，在大雪紛飛、氣候酷寒的冬季裡，我開始了在餐飲業的第一份工作，在東二十一街的佩斯卡（Pesca）擔任日班副理。這是家頗具舊金山風格的義式海鮮餐廳。每天的例行工作包括接受訂位，負責將當天的特別菜色打字，再趕到影印店印出來後，回到

餐廳塞進透明立牌裡，以便放在每張餐桌上。

侍者到班時得向我報到，我也要在午餐時間招呼客人，引導他們入座，主要是服務常客。有時候，我也可以進廚房參與菜單企劃和品酒討論。

這家生意鼎盛的餐廳已經成功地經營了八年，水準不錯而且走在時代前端。它供應新鮮且富想像力的「加州義式」海鮮，用餐氣氛輕鬆活潑，又位於新興的時髦地區。我很榮幸可以見到許多廣告、出版和攝影界的有趣人物，他們都是剛被《紐約》（*New York*）雜誌命名為「熨斗區」（Flatiron district，編按：得名於熨斗大廈〔Flatiron Building〕）那一帶的新居民。我的待遇是週薪二百五十美元，比之前當抽佣推銷員的年薪十二萬五千美元少了一點，確實需要調整和適應。但我忍不住提醒自己這不是做夢：終於進入餐飲這一行，心情很愉快。

我在佩斯卡只待了八個月，在這短短期間，曾經跟一些了不起的人共事，這些人改變了我的一生。上班第一天，我就撞見四年後成為我妻子的女子，後來更是四個孩子的偉大母親。就在我衝下狹窄的樓梯、趕往地下室的辦公室，準備接訂席專線電話時，俏麗活潑的女侍奧黛麗・赫佛南（Audrey Heffernan）正要走上樓。我們彼此認真地對望了三秒鐘，隨即擦身而過。突然間，我對這份新工作充滿了希望，迫不及待地想要第二天再來上班。

可惜，第二天她居然就離開了。奧黛麗是個女演員，經常參與地方性的商業戲劇演出，曾在《玩具國歷險記》（*Babes in Toyland*，又譯「娃娃從軍去」）、《屋頂上的提琴手》（*Fiddler on the Roof*）和《奧克拉荷馬》（*Oklahoma!*）等戲劇中擔任主角。現在她又接了新戲，這次是在印地安納波利斯（Indianapolis）演出《紅男綠女》（*Guys and Dolls*）。她在佩斯卡餐廳已經工作了兩年，老闆法拉奇亞（Eugene Fracchia）特別鍾愛她，還給她起了個綽號叫「聖母奧黛麗」。任何時候只要她回紐約，一定有工作給她。

某天我負責接聽訂位電話時，她正好打來說她很快就會回來，想問問什麼時候可以再排班上工。我立刻把消息告知總經理史卡波洛（Douglas Scarborough），他想出辦法，讓奧黛麗可以馬上上班。我們倆眉來眼去好幾個月，卻不曾表白或是採取任何行動。

四月底，為了製造讓奧黛麗來我家的機會，我邀請十二位佩斯卡的同事，參加梅爾家一年一度的肯塔基德比賽馬（Kentucky Derby）派對。當我得知她那天得去參加兄弟的婚禮時，心情頓時跌到谷底。我還得再等久一點，才能在餐廳以外的地方和她見面。

另一位在佩斯卡認識、對我有極大影響力的人物，是餐廳酒吧經理杜達許（Gordon Dudash）。他擁有天生敏銳的殷勤待客本性；在優雅俊美的外表、溫暖的笑容之下，是一股衷心迎賓的熱忱，讓人遠在半條街外便能感受得到。聯合廣場餐廳開幕之初，就是請他擔任酒吧經理，最後升為總經理。一九八九年杜達許死於愛滋病，我悲痛萬分。（愛滋病最後奪走好幾個過去在佩斯卡同事的性命，包含餐廳老闆、總經理、酒吧經理和至少一名侍者。）我之所以能夠體會真誠待客的重要性，就是深受杜達許影響，對此我始終銘感五內。他的努力，讓聯合廣場餐廳在一九八九年首次贏得三顆星的評價。

我也認識了年輕的廚師羅曼諾（Michael Romano），當時他剛結束在法國和瑞士六年的烹飪工作，回到美國，正以共同主廚的身分，學習佩斯卡的運作模式。因為老闆法拉奇亞即將在隔幾個路口的二十二街，開設名為「羅拉」（Lola）的新餐廳，想要找羅曼諾當主廚。我欣賞他的才華，也明白他在佩斯卡的時間不會太久，我盡可能地向他學習；他做的每道菜，都比我在佩斯卡看過的更色香味俱全。

我立志要打進廚房。雖然主管們還不肯讓我負責內場的工作，最後我仍然說服了他們，讓我穿上白色廚師服，參與晚班作業。廚師們雖然歡迎我加入，卻對我的行為感到不解，就用各種苦差事考驗我的決心。其中之一就是在佩斯卡大為叫座的年度軟殼蟹季，要我負責「清理」一箱箱的活軟殼蟹，剪去蟹的頭部、拿出內臟。

我努力爬上廚房裡比較固定的位置，負責攪拌海鮮義大利飯以及海鮮義大利麵。數週後，由於我建議的每日特餐反應良好，他們終於讓我負責煮員工餐。每週有一晚我會在葡萄酒學院（L'Académie du Vin）上課，老師是梅莉莎和派崔克．塞雷（Melissa and Patrick Serré），地點在浪凡餐廳（Lavin's）地下室。這裡是紐約率先供應多種加州葡萄酒的餐廳之一，每週課程分別以世界各地的葡萄酒鑑賞為焦點。雖然我無法很快吸收學到的資訊，不過只要有人肯聽，我會熱切地向同事分享我的學習心得。

不久，我展現出足夠的味覺分辨力及口感記憶，佩斯卡終於信任我，讓我加入選酒工作。我很喜歡跟主廚羅曼諾大談對食物的愛好，他也喜歡跟我談葡萄酒。他告訴我，接下佩斯卡這個過渡職位讓他亦喜亦憂，他真正的夢想是到中城區一家高雅的法國餐館出任行政主廚。我們因為美食、美酒和相互尊重建立起友誼。

在葡萄酒學院上課期間，我跟一位瘦長身材的年輕記者布萊恩・米勒（Bryan Miller）也成為好友。那時他剛離開《哈特福新聞報》（*Hartford Courant*），轉而替《紐約時報》跑餐飲新聞；隨後報社指定他開闢週五見報的專欄，名為「美食者日誌」（Diner's Journal），任務就是發掘新餐廳。他經常來找我，我一方面提供他點子，另一方面則是陪他試吃。（在網際網路尚不發達的年代，搶先告知大眾最近新開了哪些餐廳，屬於報紙的責任；如今，只需連上任何一個談論餐廳的部落格，就能得到更新的資訊。）

米勒曾邀請我到豪華的「俄羅斯茶館」（Russian Tea Room），與受敬重的美食作家柯萊本（Craig Claiborne）和法蘭尼（Pierre Franey）同桌。置身這些大牌偶像當中，我的態度時而謙卑，時而炫燿。雖然我不清楚他們把我當成有趣的夥伴，還是逢迎拍馬的跟屁蟲，不過能夠跟這些美食家共餐，聽取他們的想法，帶給我的收穫是無價的。跟著米勒，我幾乎吃遍各類餐廳。某天晚上，我們在一家以糟糕服務聞名而目前已消失的餐廳，吃完可怕的一餐後，與法蘭尼改到 Le Cirque 去吃甜點，總算讓這一晚沒有太慘。老闆馬奇昂尼（Sirio

Maccioni）出身傳奇家族（也是餐廳外場高手），拿出十種甜點任我們品嘗，又拿出他最愛的西西里甜點酒供我們暢飲。馬奇昂尼照顧有錢有勢的常客無微不至，儘管我確信他沒有把我放在眼裡，不過我終究曾經躬逢其盛。

馬奇昂尼家族在全世界都很成功，然而在一九八四年的時候，經營餐館仍不被視為「正當」的職業，至少在我家是如此。這一行被視為藍領工作，不適合讀文科的人做。在「新美國菜」剛興起的那些年，擁有餐廳的正當途徑是走廚房路線，有幾位勇敢的主廚已做出榜樣。每當我向別人透露將來可能開餐館，對方雖會禮貌性地點點頭，繼而卻會眨眨眼、笑一笑或在檯面下做些動作。

當時在一般觀念裡，餐廳是不體面、唯利是圖的行當，錢來錢往均是違法進行，而且家家都有兩本帳。住郊區的家長送子女上大學，可不是為了讓孩子將來開餐廳。（他們很樂意在名廚的店裡進餐，可是讓自己的子女走這一行則又另當別論。）

直到一九八〇年代初，許多烹飪明星受到肯定，享有盛譽。我開始追隨帕克、華特斯、普杜姆（Paul Prudhomme）、陶爾、高斯坦（Joyce Goldstein）、米勒、歐格登（Bradley Ogden）、麥卡提（Michael McCarty）、佛吉翁（Larry Forgione）、韋斯曼（Jonathan Waxman）、羅森魏（Anne Rosenzweig）、萬恩（Barry Wine）等人的腳步。他們不但帶來改革和振奮，而且多半擁有大學學位。

陶爾獲有哈佛大學建築學位；米勒在加州大學柏克萊分校讀過人類學及中國藝術；高斯坦以優異成績畢業於史密斯學院（Smith College），還拿到耶魯大學美術碩士。這些廚師搖身一變成為社會名流新貴，加上晨間電視節目的烹飪時段推波助瀾下，這些有才華、有魅力的名廚成為家喻戶曉的人物。那個年代距美食電視網（Food Network，編按：美國有線電視頻道，主要播放飲食節目）的出現還早得很。

我在佩斯卡工作八個月，建立起自己的常客群後，覺得是時候跨進廚房，看看會有什麼發展了。我透過各種資源，包括在吉歐凡尼餐廳認識的義大利家族、在紐約學習烹飪的老師艾布洛莫夫以及家父，設法為我安排到義大利和法國進修三個半月的烹飪。這種種計畫終於刺激我和奧黛麗開始有所行動。她聽說我要離開佩斯卡，驚訝地回答：「什麼？」雖然我們根本不曾約會過，可是愛苗已默默但堅定地成長，只差向對方表白愛慕之意。我說：「在離開之前，我想我們應該一起吃個飯。」

離開佩斯卡的前一天，我們一起外出，進行一整晚密集式約會，這也是我們婚後相處模式的開端：想做的事很多，但時間總是不夠。當晚我們先在阿爾岡昆飯店（Algonquin Hotel）飲酒，險些趕不上看戲，看完再乘計程車到奧迪昂（Odeon）晚餐，吃完再漫步到酒館飲餐後酒，再一路散步至另一家也很受歡迎的深夜餐館泰薩卡納（Texarkana）繼續飲酒、交談。我們邊走邊聊，來到二十一街奧黛麗住的公寓，就在佩斯卡對面；在公寓裡聽奧黛麗唱的百老匯歌曲錄音帶，直至清晨四點，我才搭計程車回家。幾個小時後，我得去餐廳上班。一覺醒來，只有力氣寫一張謝卡（家母的教誨終於在人生關鍵時刻派上用場），等奧黛麗醒來時，會發現從門下塞進來的這張卡片。

佩斯卡對我而言是難能可貴的經驗，讓我知道什麼事該做、什麼事不該做。餐廳老闆和高階主管們在財務方面極端保密。大家沒有什麼預算概念，更不用說如何計算餐點、飲料或人力成本，只能推斷餐廳有沒有賺錢。經營方式也是訴諸情緒多過專業，餐廳表現是好是壞，主要看老闆的心情好壞。他們經常在自己的餐廳吃飯及招待客人，這些都是不付錢的，不會記在帳目上，員工也拿不到小費。

有些侍者最得高層歡心，有些則否。在面談應徵者時，通常是先上下打量以貌取人，然後才會開始問話。事實上，我自己當初來面談就是這樣開始的。我習慣穿燈芯絨長褲和袋鼠鞋（Wallabees），居然還能被錄用，這倒令我頗感訝異。我像海綿一樣，非常積極地學習，樣樣事情都注意觀察。如今該是離開此地，從別的角度去學習經營餐廳的時候了。

一九八四年的最後一百天，我完全投身於義大利和法國學習廚藝，多半是擔任實習生，即廚師學徒。美其名如此稱呼，其實我做的是沒有人願意做的廚房雜務，憑著一招半式的烹飪技巧，做這些事不致鬧出大亂子。在羅馬，我有幸為偉大的吉歐凡尼餐廳工作，並學到珍貴的食譜。當年二十六歲，我趁著空檔一路吃遍羅馬、佛羅倫斯、波隆那、熱那亞、皮德蒙特（Piedmont）和薩丁尼亞（Sardinia），有如在天堂生活。那時我奉為聖經的兩本書是：哈贊（Victor Hazan）的《義大利葡萄酒》（*Italian Wine*）及《美國運通義大利餐廳指南》（*American Express Guide to the Restaurants of Italy*）。

早晨我喜歡逛菜市場，像是佛羅倫斯人擠人的中央市場，或波隆那超水準的坦布利尼（Tamburini）專門市場，摸摸蔬菜、聞聞水果，觀看各種食油與醋，見識奇奇怪怪的海產，讚歎稀奇的肉類與吊掛的野味，嗅嗅野蘑菇，嚐嚐義式香腸、醃肉和起司。弟弟湯米曾在這段期間陪伴我兩週，我們一起玩拼字遊戲，也多了一張試吃美食的嘴和胃。

我們專挑廉價的小旅館住，因為我曾立志，不要把有限的預算花在枕頭上，而要花在祭五臟廟上。每到一地，我都會仔細研究菜單，分析餐廳設計。我寫日誌、畫草圖，一一記錄並解析讓餐廳特別吸引人的因素。

我寫日誌、畫草圖，
一一記錄並解析讓餐廳特別吸引人的因素。

除了詳細記錄我喜歡的菜色，日誌中還包括關於照明設備、菜單、建築、地板及座位安排等筆記和草圖，尤其對住過和吃過飯的地方，我覺得受到什麼樣的待遇。我從這些觀察和體會中，逐漸形成未來想開什麼餐廳的願景。以往我不曾獨自生活過那麼久，這次經驗給我機會好好思考及感受究竟哪些事對我來說是真正重要的。

下個階段的訓練在米蘭，一開始卻不怎麼順利。我在那裡求教於蘿潔洛（Savina Roggero），度過有生以來最長的三週。介紹我來的是艾布洛莫夫，她稱蘿潔洛女士是「義大利的茱莉雅・柴爾德」（Julia Child，譯按：將法式烹飪技巧引入美國飲食主流的著名烹飪家）。但跟她見面兩分鐘後，我就懷疑這個比喻對不對。

首次見面，蘿潔洛就遲到整整兩小時，她身材臃腫，披頭散髮，汗流浹背，理由是那天遇到車禍。她請我原諒，並保證明天不會歷史重演。然而翌日早晨她變本加厲；我依約定時間到達，蘿潔洛卻不見人影。她向我收的學費不算便宜：每週五百美元，卻很少出現在廚房裡指導我。我多半是跟她諄諄善誘的大眼睛助理琵娜（Pina）學習，幸好這位助理是位有天分的廚師，也是有耐心的老師，我確實帶回一些很不錯的菜譜。

就算蘿潔洛出版過三十本烹飪書，我也不認為她能跟茱莉雅・柴爾德相提並論。或許是我向她請益的方式不對，可是無論怎麼說，蘿潔洛女士並未給予我此行想要獲得的東西。更慘的是，我租的小房間位於一處沒落的工業區，加上米蘭的秋天溼冷又灰濛濛的，每到晚上，我就開始想念奧黛麗。我們計畫在十一月會面，但也沒有把握是否能成真。我巴不得趕快離開米蘭。

當我終於搭上前往法國波爾多（Bordeaux）的夜車，心情頓感輕鬆。這段經歷並未破壞我對義大利的熱愛，唯獨至今仍對造訪米蘭興趣缺缺。

籌劃此次烹飪冒險之旅時，家父強烈堅持我待在法國的時間不能少於義大利。我不確定他是為了試圖壓抑我對義大利的熱情，抑或是他自己對法國的迷戀使然。最後我選擇相信他是為我好，他知道怎麼做對我最有利。

父親同意，義大利的烹飪法確實有其高明之處，只需用到少許的佐料即可，不過他堅持如果我真心想學習烹飪技巧，就一定要去法國。他打給幾位朋友，最後幫我聯絡上一位熟人，對方在貝薩克鎮（Pessac）與波爾多市中心擁有旅館、餐廳。

我的運氣不錯，當時正是秋收時分，也是當地最不容錯過的季節。不久，我就明白父親的建議實屬明智，我確實獲益無窮。記憶最深刻的參訪之旅，是到慕同酒堡（Château Mouton-Rothschild）那一次，我們品嘗了酒桶裡的頂級葡萄酒，我在那裡也首次聽說，他們正與美國酒商羅伯・蒙達維（Robert Mondavi）合作名為「第一樂章」（Opus One）的新酒。我們曾向西走到海邊的阿卡雄村（Arcachon），我在那裡學會把深藍色的海產牡蠣和著乾臘腸、黑麵包和奶油，一起吞下肚。

每天一大早天剛亮，我就跟著矮矮身材、戴副眼鏡的首席主廚皮耶洛（Pierrot）一起到波爾多菜市場，學習他怎麼為食材庫挑選所有的產品。我造訪過蘇玳（Sauternes）的吉侯堡

（Château Guiraud），在那裡獵野鴿、蒐尋酒杯蘑菇（chanterelles，又稱雞油菌）和牛肝蕈（cèpe，牛肚菇）。基於在佩斯卡有過為軟殼蟹去內臟的經驗，我的工作內容升級到打開牡蠣、切檸檬和青蔥，以及為剛宰好的禽類拔毛。偶爾他們會請我煮員工餐，那些年輕法國廚師很愛我從蘿潔洛學到的食譜。不過他們最喜歡我做的法式烤豬排，那是我祖父家傳的聖路易豬小排做法。

有一天，我們應邀在波爾多一處美麗的宮殿主辦一場盛大的午宴。午宴結束後，全體來賓鼓掌表示嘉許，我對於能夠參與這個廚藝團隊倍感驕傲。當我被邀請與廚師們一起慶功、享用一九七九年的卡隆美酒（Calon-Ségur）時，首次感受到自己被這裡的夥伴接納了。

十一月見習期滿，我乘火車北上巴黎，迎接期盼已久的一週：奧黛麗要飛來巴黎與我相會八天。我照例徵詢父親的意見，包括學烹飪和談戀愛的行程。

奧黛麗抵達的前一晚，我懷著焦慮心情，一個人笨笨地在拉瑪色赫（Lamazère）小館，吃著一大銅缽的豆燜肉。記得當晚我只睡了三小時，因為精神太亢奮，以及因為吃下三人份的豆燜肉。（每次面帶懷疑的侍者問我要不要再來一點時，我總是微笑說道：「好，謝謝。」）我在凹凸不平的床上輾轉反側，滿頭大汗，豆燜肉則在我胃裡膨脹。我和奧黛麗會合後，繼續在巴黎吃吃喝喝。接著我們乘東方快車（Orient Express）的夜車前往威尼斯，大啖竹蟶（razor clams）和墨魚，以及小蛤蜊燉飯。之後再到距離波隆那不遠的卡斯托卡洛（Castrocaro

Terme），在 La Frasca 餐廳仔細品味佳餚；在佛羅倫斯的 Enoteca Pinchiorri 餐廳大飽口福。我們也吃平民化的晚餐，在大眾食堂吃著灑上茴香末的蒜味香腸、兔肉、佛羅倫斯牛柳，還有無限供應的浸泡在深綠色橄欖油和黑胡椒裡的扁豆。

再來是乘汽車到翁布里亞區（Umbria）的托加諾鎮（Torgiano），最後轉往羅馬，好讓我在吉歐凡尼餐廳的夥伴面前，介紹並炫耀我的女人奧黛麗。他們當然一致認可，並且叮嚀我應該趕快讓她成為我的未婚妻。

奧黛麗飛回紐約後，筋疲力盡的我拖著身子乘火車回到佛羅倫斯，參加期待已久的家族聚會，慶賀母親五十大壽。大家紛紛要我提供到哪裡購物、吃飯和觀光的建議，那一刻我才了解到過去幾個月自己學到了多少東西。在法國和義大利的這段時光，我清楚體認到經營餐廳的真實情況。而所見所聞當中，沒有任何一點會讓我對自己選擇走上這條路有所懷疑。**我喜歡在這行不斷遇見的人物，能與這麼多美食、美酒為伍是何其幸運**，更著迷於能夠朝不在預期內的事業方向發展。在那一百個日子裡的獨處時刻，給了我充分的機會思考、感受和想像自己想開哪種餐廳。如今，我有了答案。

雖然我曾幻想成為一名廚師，可是我愈來愈明白，儘管熱愛廚藝，我卻更適合做餐飲業的通才。在歐洲所受的烹飪教育，提供了必要的基礎，讓我可以與廚師們用他們的語言做明確的溝通。事後證明，把自己趕下主廚的位子（至少是放棄成為主廚的想法），是我最明智的決策之一。從羅馬飛回家的八個半小時航程途中，我的筆沒有停過，忙著寫下在歐洲的心得和對未來的計畫，時間根本不夠用。

回到紐約市，我只是個來自聖路易的二十七歲男子，在餐飲這行待過八個月。走出佩斯卡的大門，知道我的人很少，業界認識的人也很有限。我有的是強烈的創業意願、迫不及待的急切感，以及賣掉舊東家股票後，足夠讓我一展鴻圖的現金。我估算，想開一家我企盼以久的餐廳，大約需要五十到一百萬美元。籌募資金不難，因為我想開的是平民化而非精緻化的餐廳。籌資之前，我必須先找到理想的地點。

走遍紐約市，有時跟仲介同行，更多時候是自己四處尋覓沒有正式招租的店面，希望在合適的地點找到合適場地。對此我有兩項原則：一要選在新興社區；二是餐廳如果歇業，我有權把租約頂讓給別人。有過家父的破產經歷，我也明白每天有多少新餐廳關門大吉，自己十分清楚經營不善確實可能發生。

關於第一點，我想找**午餐生意好的區域**。（我在佩斯卡學到，午餐生意興隆有助於餐廳支應固定成本，而午餐所吸引的商業顧客也可以提升餐廳名聲。）此外，合理適中的房租也很重要，有助於為顧客提供物超所值的餐點。對許多人來說，出外用餐也有到新環境冒險的用意。設在新興活絡地區可以賦予顧客新鮮感，為餐廳增色。至於租約，曾在聖路易開法式酒館的家父，自己也是餐館老闆，他一再強調，餐廳如果失敗，那租約將是我唯一的有形資產。（到今天為止，我對新餐廳老闆的第一個忠告仍然是：**弄一份可讓渡的租約**。）

為了找尋理想的地點，我至少看過一百多處值得考慮的場地。有一處我看中的地方，就在聯合廣場（Union Square）旁邊，是東十六街上一家陳舊、有腐味的素食餐館，叫做「布朗尼」（Brownies）。定居紐約以來，我只到過聯合廣場一、兩次，對當地的果菜市場僅有粗略印象，當時那裡有每週兩次的露天市集，由農民出售收成換取現金，特別值得一提的是傳統品種的蘋果。我在義大利和法國最愛逛的市場，紐約就屬這裡的味道最接近。

聯合廣場雖然距佩斯卡只有六個路口，感覺卻好像離了半個城市那麼遠。我知道聯合廣場是普普藝術大師安迪・沃荷（Andy Warhol）會在晚上出沒的所在。「麥克斯堪薩斯城」（Max's Kansas City）及「地下」（The Underground）兩家夜店遠近馳名。白天是男裝大本營，第五大道旁的街道塞滿掛著便褲與上裝的活動衣架，給人「白天廉價、晚上危險」的感覺。現在塞肯朵夫大樓（Zeckendorf Towers）矗立的地方，當時開著一家搖搖欲墜的克萊恩百貨（S. Klein）。同樣沒落的一個地標是十四街上的梅氏百貨（May's）；往東只隔幾家則是慘澹經營的露秋餐館（Luchow's）。

我不確定這一帶未來是否有發展，不過惡化的環境使我相信至少有機會拿到條件不錯的租約。農民市集很吸引我，而仲介公司的經理吉丁斯（Ellen Giddins）也是最早鼓勵我相信自己直覺的人。他認為此處正是廣告業和出版業為了逃避中城區高漲的房租，未來將遷移過來的地方。

我從未聽過布朗尼餐廳，也從未有房屋仲介正式把它出租。只見一個中年猶太人坐在收銀機前嘎嘎作響的旋轉椅上，負責收帳，食客們有的在長長的餐檯前，有的在後方灰暗低矮的用餐區內吃飯。西側則是間同名的維他命店。我拿出推銷員直接登門造訪的本領，走向收銀員，問他老闆在不在。

他用懷疑的眼光盯著我，然後答道：「老闆不在，你找他有什麼事嗎？」我說自己正在找開餐廳的場地，然後遞給他一張舊的名片，上面有家裡的電話號碼。「哪天如果老闆有意賣掉這間房子，我可能是有興趣的買主。」我猜他心中一定閃過「厚臉皮」這幾個字。

一九八五年冬天，刺骨的酷寒肆虐。我在拉法葉街（Lafayette Street）附近的運河街三角區四處閒逛（我覺得餐廳能夠靠近當地的公共劇院也不錯），同時考慮了「小義大利」（Little Italy）、「西村」（West Village），以及當時還很簡陋的肉類加工區，甚至一度考慮搬回中西部的老家。後來我轉向芝加哥河北岸一帶，那裡正在進行舊市區更新，我曾短暫幻想過在此開餐廳的情景。奧黛麗勉為其難地跟我一起去訪查。芝加哥的冬天冷風颼颼，感覺上彷彿是零下二十五度，相形之下紐約溫暖多了。況且，奧黛麗的家人都住在美國東岸。

我打定主意逆勢操作。
正確找到居劣勢的地點，讓區域出現良性轉型。

基於這兩個因素，讓我打消了回芝加哥的念頭。

儘管我去看過的地方都不理想，但是我依然**排斥大家奉行不悖的定律：地點，地點，地點**。以為名片上一定要有高級地區的地址，才能建立高級餐廳的地位，而餐廳為了負擔夠體面的地點，勢必得把高額的固定成本轉嫁到顧客身上，使午、晚餐的價格高得離譜。那個年代的優質餐廳往往與昂貴餐廳混為一談。

我打定主意逆勢操作。雖然我並非房地產專家，不過我有把握，如果能夠正確找到居劣勢的地點，又能成功地讓附近地段轉型，那我的餐廳既能享有低廉房租的長期租約，同時也能提供顧客優良品質與價值，吸引精明和喜歡嘗鮮的忠實顧客，使其他餐廳與公司有信心進駐。等到達關鍵數量後，整個區域就會出現**良性轉型**。萬一幾年後餐廳倒閉了，我也有信心找到願意付出低於市場行情房租，接下剩餘租約的人。我認為整體而言是樂觀的，對於負面後果也有解決之道。

二月一個寒徹骨的週六夜晚，我決定來個大探索，從聯合廣場出發，一路逛到市中心。或許我會受到幸運之神眷顧，看出有轉手跡象的地方。我的想法是，如果週六晚間的生意平平，這種店大可出售了吧。我從西十四街開始，在客滿的卡托齊（Quatorze）酒吧喝了杯基爾酒（kir），再過街到客人不少的墨西哥小酒館，喝瓶墨西哥啤酒。我沿著甘色福街（Gansevoort）的鵝卵石街道，走過肉類加工區，覺得此處實在像是美得令人難忘的舞台，絕對有潛力成為著名的餐館區，只是時候未到。

我以明亮的世界貿易中心（World Trade Center）為指南針繼續向下走，一直來到錢伯斯街（Chambers Street），途中曾在幾個地方停留，希望蒐集一些店家是否打算或願意出讓的情報。不久來到三角區，在國際餐廳（El Internaçional，多年後改為El Teddy's）飲下當晚第四還是第五杯酒。我坐在氣氛輕鬆、供應下酒菜的酒吧前，研究餐廳的格局：長形酒吧，後方是方形用餐區，從酒吧旁的走道過去，是另一個長方形用餐區。整個地方像在開大派對，裡面有各種活動正在展開。

此時我突然想到，國際餐廳的格局幾乎與布朗尼一模一樣，只要把素食餐館與隔壁維他命店的牆壁打掉，兩邊的空間連成一氣即可。在那一刻之前，我其實已經忘了布朗尼餐館。現在突然間，我又開始在下酒菜附帶的半透明小張餐巾紙上興奮地東描西畫。

週一第一件事就是打電話給佩斯卡的佛瑞加（Eugene Fracchia）；他評斷設計的眼光銳利，我請他陪我一起去看場地。我們盡量避免引人注意。佛瑞加看了一眼，對那裡的空間豎起大拇指：「你還等什麼？牆當然可以打掉！」

後來我獨自前往時，收銀員記起我。他說：「老闆在店裡，他現在很樂意見你。」

幾分鐘後，布朗（Sam Brown）走了出來，個子不高，頭髮稀疏，年約七十來歲，穿著襪子和褐色涼鞋。他輕聲告訴我，一九三六年他便開了這家美國首見的素菜館。當時聯合廣場經常有工人示威，素食主義也被視為左翼政治運動。布朗先生人很慈祥，聽起來似乎有氣喘性咳嗽的毛病，他正打算退休，願意與我談談交易。

我們相談甚歡，第二次會面就有共識，由我頂下布朗尼二十年租約剩下的十四年，順利成交。為了慶祝，布朗先生帶我到東四十六街的火花牛排館（Sparks Steak House）用餐。他的鄰居兼朋友塞塔（Pat Cetta）在一九六六年與兄弟開了這家牛排館，地點在東十八街。後來我知道，十年來布朗先生曾偷偷溜出自己的素菜館，大啖沙朗牛排。

那一晚，塞塔先生坐下來，與我和布朗先生度過精采的三小時，吃牛排、說故事、品紅酒，妙語如珠，塞塔先生決定收我做弟子。他講了很多有趣的故事助興，說他如何受食評家勒索（以及如何反制），談他最喜歡的餐廳老闆萬恩（Barry Wine），並發誓他家的冰淇淋只用費城巴塞茲（Bassett's）的產品。他引以為傲的事包括：店裡用的是粗顆粒無粉黑胡椒、侍者在主菜與甜點間更換桌布的高妙手法，以及他賣牛排賺到的錢多到難以想像的地步。

如今，每當我想起開設餐廳可能出錯和確實出過錯的地方時，就不免對開辦聯合廣場餐廳的過程當中，有那麼多事情是順理成章完成的感到驚奇。

一九八五年初春的某一天，為了想多了解新餐廳的地點，我不請自來地造訪第五大道上、位於十三街的一處工地。我想知道這裡蓋的是不是餐廳？會不會多一個競爭對手？工人告訴我，蓋的是服裝店，之後我向工務主任漢拉提（Tom Hanratty）自我介紹，他很客氣，也很幫忙，說他手下的工人正好在找下一個工程。幾天後我打電話給他，又向他過去的業主打聽，也見了他的老闆，最後決定請他替我蓋新餐廳。現在我知道**慎選工程團隊**有多麼重要，然而當時我只想趕快開工，還好沒有吃到苦頭。

我也不知該去哪裡找優秀的建築師。我跟祖父及他的第二任太太瓊．哈里斯（Joan Harris）談起此事時，她說她認識家鄉堪薩斯城（Kansas City）的坎德家族。她曾聽說蘇珊．坎德（Susan Kander）的夫婿華倫．艾希沃（Warren Ashworth）是很棒的建築師，所以我應該見見他。蘇珊的兄弟約翰曾在家鄉的夏令營教過我網球。最後，我決定聘請華倫和他的老闆柏達諾（Larry bogdanow）來設計聯合廣場餐廳。柏達諾先生為人質樸、熱忱、愛動腦；華倫則精明、不苟言笑、敏銳犀利。他們兩人都充滿想像力，也對這項工程很感興趣，只是沒有什麼設計餐館的經驗（據他們說迄今僅接過兩件很小的案子）。我告訴他們，我心目中的最佳設計是讓人感覺不出這是建築師設計的。

我大可選出自己最欣賞的羅馬大眾化餐廳，直接搬回紐約複製，有餐廳曾經這麼做而且十分成功。曼哈頓蘇活區的巴薩扎（Balthazar）就是道地法式簡餐店的複製品，讓我不必遠赴我所知道的巴黎六家正宗簡餐店。這是傲人的成就，可是**複製已經存在的東西，終究不是**

我想要的。

最後，我決定自己不要模仿，而是請建築師設計一家輕鬆、舒適、歷久彌新的餐館，讓人覺得它會永久存在。（二〇〇五年聯合廣場餐廳二十週年慶上，柏達諾先生曾挖苦地說：「現在它是永久存在了。」）

由於預算不多，建築師對這三層樓空間能做的也只有這麼多：廚房很擁擠，侍者倒咖啡或切麵包時很難不被端著餐點走出廚房的人撞到；衣帽間小的讓人喘不過氣來，洗手間也很迷你；用餐區天花板很低；通向樓上包廂的木造階梯又窄又陡，可是在此用的餐點，有一半都需要從這些階梯端上來。在我們「最羅曼蒂克餐桌」上訂婚的幾十對情侶，可能萬萬想不到，他們最鍾愛的第六十一號桌曾是前屋主的洗手間所在。

聯合廣場餐廳的空間，是我旗下所有餐廳中最不吸引人，且在人體工學上最笨拙的。至今，這家餐廳仍是個怪異的組合，結合了兩位設計師的美學素養，以及我在義大利、法國遊歷期間在餐巾紙上做的筆記。我相信正是因為不完美，反而有助於培養克服困難所需的團隊特性，使它成為一家很棒的餐廳。聯合廣場餐廳歷久不衰，我從中學到的一項核心生意經，就是**我的員工、合夥人與每家餐廳都具有願意克服艱困處境的關鍵特質**。

在一九八五年籌辦這家五千平方呎的餐館，頂讓的租約、建築設計和工程費加起來，總成本大約七十萬美元多一點，以今天的標準來看，簡直平價得不得了。除了賣掉舊東家股票的三十五萬美元以外，我尚需募到同額資金。

雖然家人（鼓勵我開餐廳的姨丈除外）依舊認為，我一定是頭腦不清楚才想開餐廳，不過大家顯然基於親情而對我有足夠的信心，慷慨贊助了其餘資金。外公的兩位同事，幫我擬好創業計畫，向家族成員說明。外公曾提議與我合資，但我決定不要，以避免父親不滿。儘管父親的餐廳已經轉虧為盈，我也不打算找他投資。

不過我接受了他對餐館名稱的建議。住在歐洲那段期間，我經常在廣場或火車上發呆，想像未來可用的餐館名稱，例如比米（Bimi，外公的暱稱）、藍碟咖啡屋（Blue Plate Cafe）、義大利起司（Gorgonzola），或者乾脆用義大利文。父親直接了當地建議我：「何不就叫聯合廣場餐廳，聯合廣場在舊金山是最精華的地段。」

我說：「我知道，但是紐約的聯合廣場可不是什麼了不起的地方。」我跟父親說了自己對那一帶環境的了解。

他仍不放棄地說：「你可以使那個地方變成紐約的精華地帶。就叫聯合廣場餐廳吧。」

開工的那天正是「陣亡將士紀念日」（Memorial Day，五月最後一個星期一），不到五個月便完工。那是一段七上八下的日子。我們選定一九八五年十月二十一日開張，剩下不到一週時，櫻桃木地板還在鋪，護牆板也尚未釘好。在如此吵雜、混亂、氣味難聞的場地，不可能進行任何會面或訓練。我跟所有應徵人員的面談，都是在人行道上，坐在大型垃圾車旁的鋸木架上完成。我憑直覺找人，尋找我覺得個人作風能與我相容的員工；理性告訴我要找具備餐廳技能的人，可是我的感性卻趨使我組織一個餐廳家族。

我設計的應徵表格很特別，列的問題有：「如何把自己的幽默感應用於服務業工作上？」「你對上一個工作最不滿的地方是什麼？」「你喜歡美乃滋還是奇妙醬？」等。一家餐廳如果想兼顧真心誠意的款待和出色的餐飲專業技術，就必須**加進一點趣味**在裡頭。這些怪怪的問題，可以讓我了解應徵者是否具有幽默感。上課時我會買一大堆蘋果，然後大家一起坐在聯合廣場公園的草地上，邊吃蘋果邊演練服務顧客的各種狀況。

如何把自己的幽默感應用於服務業工作上？

某天在公園裡，我無意中發現《紐約時報》餐飲評論版的新任主筆米勒與法蘭尼在記錄我們上課。我在法國學烹飪時，米勒曾寫信告訴我，報社已派他接替喜來登女士的位子。我回信恭喜他，並告知他我打算在紐約開餐廳的具體計畫。一九八五年一月我回來後，我們只出去吃過一次飯，但是兩人都覺得不自在。那天晚上，米勒選定要評論的餐館是La Caravelle，那裡新聘的主廚是我以前在佩斯卡的老同事羅曼諾。我不喜歡這樣偷偷摸摸地去評判老友做的菜，也覺得自己是準備要開餐館的人，實在不應該和當今《紐約時報》餐飲評論版主筆共餐。米勒和我雖然早已是好友，但是那一晚我們決定長時間內不要再聯絡，也不要一起吃飯。我開始感受到壓力。

簽下接手「布朗尼」的合約後許久，我才請到聯合廣場餐廳的主廚。（雖然我已經下定決心，可是某種程度上仍不肯放棄自己當主廚的幻想。）數月前，米勒曾介紹我認識一位結實的法國人薩拉辛（Marc Sarrazin），他是紐約各法國餐館頂尖的肉類供應商，也是餐館非正式的人才聘用顧問，兼紐約市一流烹飪人才的「包打聽」。薩拉辛認識市內所有名廚，特別是法國餐館；他可以直接進入餐廳的廚房，與大廚們交談；他知道哪些有才華的年輕廚師有意跳槽，也知道哪裡要請人。他是呼風喚雨的高手，所以我請他幫忙我物色主廚。

不過幾天，他就引薦一位娃娃臉的年輕廚師、專長在魚類烹調的巴克（Ali Barker）。巴克是 La Côte Basque 餐廳的魚料理和醬料師傅，當時那家餐廳是許多明日之星的最佳訓練所，包括英格利許（Todd English）和巴默（Charlie Palmer）。我對兩位副主廚也有興趣，一位是烹飪老師坎普（Peter Kump，也是透過米勒所認識）推薦的年輕廚師坎貝爾（Scott Campbell）；另一位是瑪西・史密斯（Marcie Smith）。

我請他們到我在東八十四街的公寓裡，在廚房中進行試吃。我仿效十二歲露營時參加戶外烹飪比賽的方法，給每位廚師一份雞胸肉、一些奶油、一顆洋蔥、大蒜、新鮮香料，以及一顆番茄，看他們如何料理。巴克做的雞肉多汁而且調味恰到好處；令人印象深刻的是，他還利用雞骨和洋蔥做出美味的湯汁。我聘請他做行政主廚（料理長）時，雙方協議聘用期是兩年，我對自己的未來也只看得到那麼遠。

員工訓練是場盲人帶盲人的學習過程。我聘請了一位從未做過主廚或副主廚以上職位的人擔任主廚，而且他的年紀比我還輕。不知天高地厚的我自任總經理，負責我所知有限、甚至一無所知的事務，像是安排員工的上下班時間、監督維修工作、考評員工績效等。我引誘佩斯卡的杜達許跳槽，來做我的副總經理，可是他以前只管過靜態的酒吧，從未管過活生生的員工。我們的會計是個不折不扣的大好人，卻全無簿記經驗，還有個侍者堅持用軟木塞開瓶器開香檳酒。

餐廳開張前一、兩週的某日，工程仍在趕工時，理查姨丈請來一位熟人給我一些意見。這位滿頭白髮的烹飪大師是紐約哈佛俱樂部（Harvard Club）的餐飲部門主管，他仰著鷹鉤鼻睨視我，開口問道：「你到底打算開哪種餐廳啊？」他清了清喉嚨。

我答：「我也說不上來，很難明確歸類。」

「噢，這樣啊。那你要賣哪種食物？」

「賣些分量像開味菜的義大利通心麵。我想到的是用醬油、薑和檸檬調味的鮪魚排，還有一些法式食物，像油封鴨配大蒜馬鈴薯，以及……。」

他斬釘截鐵地說：「那絕對不會大賣。」

我頓了一下才繼續：「配菜有我祖母的蕪菁泥加炒青蔥，湯是加澳洲雪莉酒的黑豆湯。」

「別說了，這樣行不通的！」他氣急敗壞地嚷嚷：「一般人出外用餐時都是說：『去吃法國菜還是義大利菜？』要不然就選中國菜。沒有人會說：『我們去吃大雜燴。』你再好好想清楚。」

這位專家把我嚇得半死。只剩幾天就要開張了，即使想修改菜單，以我的能耐也不會好到哪裡去。其實我並不清楚這家餐廳將來會是什麼模樣，只知道自己迫不及待地想要把熱愛的食物和食譜分享給更多人，並且將心比心地去款待客人。這還不夠嗎？

一九八五年十月二十日晚間，我們舉辦開幕派對。那是個令人暈陶陶、好像做夢的時刻，也是令我五味雜陳的一晚。當店門打開時，想到這一刻是多少人努力的成果，我不禁激動落淚。七十五位參加的來賓都是親朋好友，令我悲喜交集。父親沒有來，應該是出差去了。無論如何，這是我自立完成一項成就的時刻。我花了將近兩年時間，盡其所能地努力學習，現在是展現學習成果以及獨立自主的時刻。不論未來餐廳經營好或壞，開幕此刻代表著我事業和人生的重大突破。我流下的是極度喜悅、難過，以及鬆了一口氣的眼淚。

CHAPTER 3

初試啼聲

明白服務與款待之間有所差別，是我們成功的基礎。

服務是憑藉技術提供產品給顧客；款待則是提供產品時帶給顧客的感覺。

服務是獨白，由我們自行決定做事的方式，自訂服務的標準；款待則是對話。

所謂站在顧客的立場，代表必須用每一種感官去聆聽他們的需求，

然後給予周到、優雅、適切的回應。

兼顧優異的服務和圓滿的款待，才能成為頂尖餐廳。

餐廳剛開張的頭幾個月，我發現最令顧客生氣的，莫過於明明預訂了位子或菜餚，卻還要久候。這種情形不斷出現，因為電話鈴響的頻率變多，而我對所有訂位的要求，幾乎是有

求必應。

我個性中屬於餐廳主人的那一面，固然執著於待客之道，而創業家的那一面卻日漸陷入追求數量的迷思。我總想測試自己一天究竟能應付多少顧客。來客量大，侍者可以多賺小費，所以人數也很重要。好侍者難求，我可經不起任何一個人離職，若他們的收入不夠養家活口，就會留不住人。

餐廳共有一百三十五個座位，每晚我的目標是創新「個人最佳供席紀錄」。我們始終在一輪的關卡上下徘徊，即每張桌子每晚只安排一組客人，並連續數週保持在一百四十人左右的高點。有一晚，我們打破紀錄地服務了一百七十一位客人，把廚房和餐廳弄得人仰馬翻。每創下新紀錄就想要衝得更高，於是我設計出一套人工訂位系統，兩人一對的客人分配兩小時，四人一組再多加三十分鐘，五人以上一桌可以有三小時，這套做法使來客衝到最高。可惜那時我還不懂得調整每桌用餐步調的藝術。我們的廚房人手少，每十五分鐘卻有約二十位客人的菜要上，結果必然會讓廚房打結；好比往漏斗狀的管子裡塞進太多東西，反而使食物完全出不來。

正式開賣的前一晚，有兩批客人因為餐點久候沒來而離去。接下來數週，令人冒火的苦等和憤而離去變成常態而非例外。我們發現，以廚房的規模、廚師群又是新手的狀況，琳瑯滿目的菜單野心實在太大，只好忍痛刪掉一些。大多數的夜晚，我總會離開外場片刻，汗流浹背地站在廚房裡，因為再也不想面對發火的客人。主廚拚命加快清理貼滿牆面的「點餐單」，每張都代表了一桌飢腸轆轆的食客。

我拚命衝來客數，把自己弄得一團亂。不過，自找麻煩然後再加以克服，反而讓我感到興奮（這一直是我做事的模式）。我繪製了新的訂位單，調整座位分配圖，重新劃分侍者的「責任區」，並且更精準地計算分配給每桌客人的時間。這一切都為了在不影響優質服務的前提下，盡量擴大來客人數。過程就像玩拼圖遊戲，既是藝術，也是科學。每供應一份晚餐，都有調整步調、流程及進步的機會。

劃分侍者的「責任區」，更精準地計算分配給每桌客人的時間。

這麼做的目的是為了建立起「運動員式」的待客之道：策略上有攻有守，但永遠想要設法贏得比賽。進攻方面，我們會想出有創意的方法，增強顧客良好的用餐經驗。（例如生日加送有巧克力題字的甜點；招待常客免費的飯後甜點酒。）防守方面，我們愈來愈擅長克服常犯的錯誤，以及化解令顧客不滿的狀況。

漸漸地，顧客最常報怨的事變成訂不到特定時間的位子。我很擅長應付這類狀況，單憑直覺我就知道如何讓來電者感覺我在替他著想，我會說：「沒問題，八點鐘候補名單的第一位。」或是「八點鐘已經沒有位子了。八點四十五分可以考慮嗎？」我知道這麼說聽起來比

「九點差一刻」早一點點；或是說「可否給我一個你方便的時段，我來找找看有沒有人取消訂位？」重點在於**不要把話說僵了**，同時傳達給顧客「我是你的經紀人，不是餐廳守門人」的訊息。

對於久候的客人，我們時常給予補償，免費招待店裡的甜點酒。我們廢物利用前屋主留下的老電冰箱，並稱之為「藥櫃」。所謂的藥便是各式甜點酒，當做給顧客的賠罪禮。除了少數敵意甚強的客人，這個方法都能奏效。一九八五年，紐約很少餐廳供應單杯的甜點酒，這是歐洲人的習慣，也是**當事情偶爾小小失控時，應用防守式待客之道的重要一步**。

店裡最受歡迎的托斯卡尼甜點酒（Tuscany Vin Santo）是種琥珀色、像馬得拉白葡萄酒（Madeira）的酒，我們鼓勵客人浸泡義式杏仁餅乾來喝。義大利人以餅泡酒的傳統（biscotto bagno），是早在一九七八年我在羅馬當導遊時就愛上的餐後餘興，但那時對多數的紐約人而言尚屬新鮮。

雖然我極不願意承認，有些顧客確實難以挽回。我清楚記得有桌客人，儘管我們努力了五次想要彌補錯誤，卻始終無法消除他們的怒氣。我懇求地說：「我真的很想讓各位了解，我非常在意能夠贏回各位的信任。我知道讓大家真的等太久了。你們的時間很寶貴，我也覺得萬分抱歉。有什麼辦法能夠使各位回心轉意，下次再度光臨呢？」

客人當中有位男士說：「你不用麻煩了，以後我們再也不會來。」我到現在依然記得當時如鯁在喉的感覺。我仍然試圖做最後的努力：「我理解。只求各位離開時記得，我願意盡一切努力，挽回各位對本店的信心。」

好在這種情況很少發生。顧客開始回籠，而且會付錢點甜點酒來喝。開店初期，充滿意想不到的管理難題。某日店門開後不久，我到廚房找主廚巴克，他卻不在廚房，地下室準備區也不見人影，唯一剩下的可能就是在大冰庫裡。我打開容人進出的冰庫門，巴克果然在裡面，他與二廚瑪西正在牡蠣桶旁忘我相擁。

我退出冰庫時，三人都不發一語。我對他們正在談戀愛之事一無所知，但我知道這是必須小心應對的微妙狀況。我打電話請教父親（跟他談這個話題相當安全），他的答覆是：「把有吸引力的人放在像餐廳那樣緊張的環境裡，要不是變冤家，就是墜入愛河。這可能還是比較好的結果。」我依舊不知道該怎麼面對。

開張數週後的某一晚，我自豪地帶著三一學院的好友卡魯索（Tom Carouso）參觀我的餐廳。他在非洲住了一段時間後，剛回到紐約。他不敢相信，我居然真的實現了開餐廳的夢想。我們來到可以俯視後方用餐區的包廂，觀看這家餐館的全景、二十五呎高的天花板，以及後牆上的壁畫。

當我開始述說畫家里夫卡（Judy Rifka）畫壁畫的經過時，忽然聽到一聲刺耳的斷裂聲，接著轟的一響，一支三十呎長活動照明燈桿的一端，從屋頂上斷裂，像鐘擺般搖晃下墜。那支沉重的鋼製燈桿和固定裝置，猛地撞向牆上，發出奇怪的聲音，把灰泥砌的牆打出一個三吋大洞，離一位正在用餐的女士頭部不遠，真是驚險萬分。再向右偏兩吋，就很可能讓她喪命，我也別想在這一行混下去。

那位女士嚇了一大跳，我的心臟也停止跳動好幾秒。我衝下樓，請她移到另一處用餐區，並表示晚餐由本店招待。我們兩個都在發抖，她嚇得再也待不下去，一等到喘過氣來，立刻和男友打道回府。受到這麼大的驚嚇，我完全忘了要去問她的姓名、住址或電話號碼，以便做後續處理。承包這件工程的包商，可得好好給我一個解釋。

我也記得感恩節後的那個星期五。那時開張才五週，生意一直差強人意，也沒有任何媒體寫過評論，所以我預料這個假日後的週末，生意不會太忙。於是，我大膽地放主廚巴克和女友二廚瑪西的假，好讓他們到俄亥俄州去見瑪西的雙親——未來的岳父母。（我實在不知該如何面對他們的關係，所以乾脆不處理，只能祈禱皆大歡喜。）

沒想到，我預估週末生意清淡是大錯特錯。週五晚上最後一刻才湧入的訂位持續不斷，生意好到我必須親自披掛上陣，直接在西裝、領帶外面罩上白袍白帽做起菜來。廚房裡忙得不可開交，顧客等開胃菜就得花上半個鐘頭，然後再耗費三十分鐘等主菜。我汗流浹背，名牌的紅色領帶開始滲出血一般的顏色，染遍我皺巴巴的白襯衫。因為一整天沒有進食，我頭昏眼花。一度我走出廚房進到用餐區，看到一位酒醉的客人跌跌撞撞地亂走，一面大聲抱怨：「這『蹩腳的』餐廳居然不能點烤馬鈴薯。」

又累又餓的我決定反罵回去。我告訴他，我們絕不會再供應他任何東西，他脫口而出：「你們不能就這樣叫我走。」

我說：「我可以。你的帳單馬上來。」

他反擊道：「你們不能要我付錢。」

「也許不能，可是我可以請你離開我的餐廳。」

我們持續針鋒相對。兩人胸對著胸，動作頻頻，一路走過用餐區，再上樓到酒吧。快到餐廳前門時，他很惡劣地向我揮拳，正中我的下巴。我拚命用力回拳，把他推向門外通道上。他卻有辦法抓住門把，順勢抓著我的頭，往門板與門柱之間猛撞。我覺得很痛，當他又朝這邊抓過來時，我全身緊繃、發瘋似地拚命朝他踢過去。

他彎下腰設法逃到東十六街的人行道上，同行的兩位夥伴無用地躲在一旁，最後才把他帶離人行道，塞進計程車裡。

隔週我打開《紐約每日新聞》（*Daily News*）才知道，該報的餐廳評論人史瓦茲（Arthur Schwartz）那晚就在我們店裡，並且目睹整個衝突經過。（他對互毆的事隻字未提，不過他後來告訴我，他全都看見了，還說希望我已經好過一點。）

史瓦茲是紐約首位認為聯合廣場餐廳深具潛力，並且正在走清新、開創性路線的評論家。他的評論讓我們打出名號。同時，我也在留心等候布萊恩・米勒——全美最權威的餐廳評論家的評語；基於我們之間暫停聯絡的默契，我對他什麼時候會光臨我們餐廳、究竟會不會來，完全一無所知。

我認為，讓聯合廣場餐廳展現輕鬆感與創新感非常重要，我想要巧妙地融合歐式精緻餐飲與美式輕鬆舒適的氣氛。我心目中的聯合廣場餐廳，應綜合七〇年代末三種截然不同的餐廳：一是加州柏克萊和舊金山的地方性餐廳，有鄉土味、講究時令食材、老闆為愛好美食而經營；其二是巴黎的精緻饕客級飲食聖殿；最後是羅馬的家庭式餐廳。

在加州，有滿懷熱情的男女並肩努力，打破各種成規、界線和傳統，樂在做出美食。在巴黎，精緻出眾是唯一的標準，每位名廚都明白顧客的期待，志在做出分毫不差的口味和無微不至的款待。在羅馬，一個家族經營餐廳，是為了讓每位常客吃得開心。我決心找出方法，讓這三個元素「水乳交融」，創造出輕鬆又精緻的用餐環境，兼具三者的優點：**講究的烹飪技巧，配上細心、優雅的款待，以及用心、符合時令的菜色**。

我們與八〇年代好大喜功的作風背道而馳，不斷尋找低調而實在的方式，讓用餐的顧客獲得實惠享受。在那個時代，有個快速讓我們與眾不同的簡單方法，就是當高不可攀的標價代表高人一等時，我們寧可**提供物超所值的價格**。不論對餐廳提出哪方面的正當批評，我都樂於接受，但如果有人指責我們收費過高，我會感到屈辱。這種觀念來自幼時與家人到餐廳吃飯的經驗所影響，大人們教我看菜單先看價錢。

二十出頭歲時，我在義大利和法國四處嘗鮮，這些經歷也影響我的想法。美元當時十分強勢，我習慣一次就大吞好幾碗開胃菜分量的世界頂級義大利麵，價錢只要三、四美元。在美國，口味勉強過得去的義大利麵，主菜分量就要價十八美元。我把提供顧客實惠價值視為與其他餐廳區隔的大好機會。不過直到八〇年代末，聯合廣場餐廳開張數年之後，我才對經營餐廳的理想有所頓悟。那時我和奧黛麗在巴黎造訪三星級的 Taillevent 餐廳，其無懈可擊的服務和細膩殷勤的款待，是我見過最優的。老練的工作人員很有自信地開自己玩笑，並把歡樂帶給客人。這是我在米其林三星餐廳的用餐經驗中，首度覺得除了色香味俱全的美食外，也能體驗無窮樂趣！

這家餐廳維持三星級評等長達三十餘年絕非偶然。世上再也沒有比 Taillevent 老闆佛希納（Jean-Claude Vrinat，其父是餐廳創辦人）更傑出的餐廳經營者。佛希納先生總是過分自謙。我對那晚的完美服務向他致意，他卻表示不足掛齒，「認真服務帶給我們樂趣。至於說到完美，那只是我們比別人更會掩飾錯誤！」這讓我更加振奮繼續精進本身的待客功力。

一九八三年，我曾在倫敦度過了值得懷念的兩週。我拿著與米其林地位相當的法國美食指南「Gault Millau」，詳盡地研究了當地的餐館業概況（當年那裡市況寂寥，不過我依然興趣十足），每晚都獨自出外用餐，從中又學到不少待客之道。我選中的餐館裡，有半數一聽說「只有一個人」，便立刻拒絕接受訂位。幾次之後，我決定不肯善罷干休。我會再打回去，訂兩個人的位子。等我順利入了座，再以不可置信的表情看著手錶說：「看樣子我請的人不會來了。」這招對好幾家一開始拒絕「只訂一個席位」的高等級餐廳行得通。這些經驗使我下定決心，我開的餐廳將加倍禮遇和尊重單獨用餐的顧客。

有些餐廳把獨自用餐的我看做影響業績的討厭鬼，一個人占據一張原本可做更多生意的桌子；有些則認為，我的光臨對他們是種肯定。有一次我實在受到太過分的待遇：在拿到菜單和酒單之後，至少二十分鐘沒有人理我。於是，我決定做個實驗：招來高傲的酒侍，點了一瓶非常昂貴的葡萄酒，使我帳單上的金額，遠超過一般兩個顧客的消費額。果不其然，我很快就贏得他的注意。他也許沒有學到教訓，可是我學到了。我發誓，日後絕不大小眼地對待客人。

那趟倫敦行讓我注意到不能小看單獨用餐客人的生意，應該同樣熱忱地歡迎他們光顧。當我想到自己是花多少時間和精神選擇吃晚飯的地方，以及會向親朋好友多麼用力地推薦招待周到的餐廳（或是強烈警告別人不要去服務差的地方），就知道高規格善待客人是正確、聰明之舉。聯合廣場餐廳率先在酒吧區供應菜單上所有食物，對象多半正是單獨或成對的用餐者，這點領先紐約市其他同業許久。我始終認為，顧客願意單獨上門用餐是對本店最大的恭維。這些客人的到來沒有特別目的（不涉及生意、戀愛或社交動機），他們只想對自己好一點。我們怎麼可以不予以回報？

> **顧客願意單獨上門用餐是最大的恭維，**
> **絕不大小眼地對待客人。**

我們與同業最重要、最持久的區隔，就在於如何定義和執行殷勤款待。聯合廣場餐廳開設於一九八五年，適逢第一波「太空超人」（masters of the universe）文化盛行時期（是美泰兒〔Mattel〕玩具公司八〇年代的暢銷品，包括電視影集、電影、漫畫與公仔玩偶）。此時消費市場熱錢滾滾，加上紐約狄斯可舞廳「五十四號攝影棚」（Studio 54）僅限名人進出的效應持續發酵，造成「愈貴、愈有排他性的消費行為，愈令人嚮往」的風潮。

一想到有些餐廳居然可以把價錢訂得老高，還設下進入的門檻，並因此而擴大了需求，我就覺得不可思議。然而，這種蠟燭燒不久。七〇年代的迪斯可舞廳，被八〇年代初的古柯鹼夜店所取代，後者又被體育場大小的餐廳所淘汰。這些地方的食物，實在不比夜店裡的餐飲好多少。當時非常流行這類餐廳，尤其市中心開始吸引餐飲業者，紛紛進駐像庫房似的空間。飲食文化的另一個極端，則是令人齒頰留香的道地法國餐廳，像是La Grenouille、Le Cirque、La Côte Basque、及Lutèce。那時較為少見的是，在樸實舒適的環境裡吃到優質的餐點。我感覺得到，紐約有這樣一批美食愛好者，樂於接受熱情的款待和合理的價格。其實事後回想起來，把聯合廣場餐廳構思為優質版的鄰里餐廳不是多具挑戰性的事情。事實證明，美國飲食文化仍有極大的進步空間，使我們得以在相對較不擁擠的領域一展鴻圖。

八〇年代也是「服務業經濟」的時代。幾乎所有美國企業，從租車公司到銀行到美國郵政總局，都面臨顧客要求更多服務的挑戰。這股趨勢同樣出現在餐飲業，矛盾的是，服務有時反而會犧牲款待。以當時盛行的觀念來說，應該給客人更悉心的服務、更多的選擇，並且更頻繁地打斷客人。餐廳是否真的需要讓顧客可以選擇四種麵包、兩種奶油，以及數目不一的特殊刀具？餐前吃的開胃小點（amuse-bouche，有些餐廳稱為 amuse，意指主廚招待），真的需要侍者花一分鐘時間說明每種原料和做法嗎？

每多一項選擇便意味著，又多一次讓侍者不必要的干擾影響顧客的時間和注意力。我認為最重要的是，努力提供最多的價值以交換顧客的金錢，還有時間。凡是無謂地打斷顧客和同伴相聚的時光，或是影響顧客享用餐點的樂趣，均有害於款待之道。

服務是美麗的舞蹈，到了最高境界時便成為一種藝術，如同芭蕾舞。我欣賞把餐桌收拾得妥貼的俐落；讚佩把一瓶美酒好好打開，輕輕倒在杯子裡的優雅。**用正確的方法做事，自有其美學價值存在**。可是唯有做這些事的人明白，餐桌上的一切講究都是為了替顧客製造樂趣，並期待顧客的回應。如果敷衍了事或自顧自地做這些動作，不論動作多麼專業，都會降低美感。這是「靈魂問題」，沒有靈魂的服務，再無懈可擊的流程，也會很快被顧客遺忘。

當你在預訂的時間，準時被引導坐進預訂的桌位，由你指定的侍者為你服務，這代表服務不錯。當食物在正確的時間，以正確的溫度，準確無誤地送至客人桌上，這是服務。當你看到侍者小心而優雅地把酒倒出酒瓶，這是服務。用完餐後，侍者把空盤子優雅地收走，這也是服務。客人提出問題時，侍者能夠解釋酒單上每種酒之間的細微差別，這也是服務。然而不論餐廳或是任何事業，讓自己與眾不同的終極武器「款待」，則是指**全體服務人員為了讓顧客感受到我們在替他著想，所做的所有周到、用心及優雅舉動的總和**。

我們餐廳不會選擇性地款待顧客，而是努力像對待常客那樣地招待首次光顧的客人，也不會只給予特定人士特殊待遇。儘管這常使我遭到批評，可是這完全不是問題。我們的民主式待客原則，已成為本公司經營理念的核心價值。記得開張約兩年後，我曾讀到某專欄的一篇評論。那個專欄名為「餐廳行者」（The Restaurant Rotator），刊載於八〇年代中期的時髦週刊《七日》（*7 Days*）。作者把在聯合廣場餐廳用餐的經驗，比做接受電影《超完美嬌妻》（*The Stepford Wives*）的服務。那時我聽不懂她的意思，還得去查資料。

作者顯然認為我們雇用天性友善的人，讓他們的個性在餐廳內發揚光大，是虛偽之舉，令人不

沒有靈魂的服務，再無懈可擊的流程，
也會很快被遺忘。

快。這種懷疑真誠善意的評論令我大感吃驚，但並未損及餐廳的聲譽，也絲毫未曾動搖我的經營方式。如果客人不願坐在某一桌，我會說：「沒問題，請問你想坐哪一桌？」許多客人聽了往往不知該如何回答，因為他們已經習慣聽到：「對不起，只剩下這桌是空的。」

我從經驗中學到，提供上乘款待的祕訣就在於雇用真摯、快樂、樂觀的人。麗嘉卡爾頓連鎖酒店（Ritz-Carlton）一向以重視服務著稱，絕非浪得虛名，只是他們不稱之為款待。我住在那裡時，偶爾會覺得服務品質稍嫌生硬。不論顧客問什麼或說什麼，每個員工的回答千篇一律：「很榮幸為你服務。」

一再聽到「很榮幸為你服務」會令人起雞皮疙瘩。**款待工作不是獨白**，我要求員工設想如何才能讓顧客感受並了解我們的誠意。我不會指示員工在每種情況下應該怎麼做、怎麼說，不過我的確有些不願在用餐區聽到的禁忌。例如問客人：「近來好嗎？」這是個空洞的問題，只會得到空洞的回答。還有，我受不了在該用「你」的地方，用「我們」來代替，像是「我們近來做得好不好？」當客人說：「謝謝你。」侍者不應回答：「沒問題。」真心回答對方「不客氣」永遠是得體的應對。

開幕後的前三個月，我僅有一晚不在餐廳坐鎮。那天為了慶祝奧黛麗的生日，我們在上城的四星餐廳 Lutèce 共進晚餐。看著 Lutèce 的大廚索奈（André Soltner）在用餐區來回招呼客人，我也很期待他能比照熟客來跟我們聊聊。他不認識我，不過幫我訂位的，是我們的共同友人薩拉辛，若非靠他，根本訂不到位子；他也告訴索奈，我是剛冒出頭的市中心餐廳老闆。索奈一桌桌地跟每位客人寒暄。他來到我們這桌後，先轉身滿臉笑容地對奧黛麗道聲：「生日快樂。」對我則裝出嚴厲的表情，用亞爾薩斯口音說：「今晚你不好好在自己店裡工作，跑到我店裡來做什麼？」我怯懦地笑著，低頭望著面前那碗茄醬淡水螯蝦。顯然我有待努力之處仍多。

此後有很長一段時間，我不再外出吃飯。我相信食評家米勒先生會挑一晚來評鑑我的餐廳，我一定要在場。餐廳的生意相當不錯，我從未料到會有那麼多客人上門，我們要求自己每天都要有進步。終於《紐約時報》準備要刊出對我們的評論，這令我倍感壓力，終致得了末梢顏面神經痲痺。從事餐飲業才兩個月，我的左半邊臉頰就痲痺了，舌頭左邊也失去味覺。我無法皺起左鼻孔，闔攏左眼，只能勉為其難地擠出半個笑臉。醫生告訴我，有八成患者會在八週內痊癒，有兩成則不會。足足有半個月的時間，我不知道自己最後會變成什麼模樣。這使我憂心不已，心裡七上八下更增壓力，搞得什麼事情都不對勁。

一九八五年，聯合廣場餐廳度過第一個除夕，當午夜時分慶祝民眾大聲喧嘩，彩紙四下紛飛的時候，我卻笑不出來，連哭都沒辦法哭。一九八六年的頭兩週，當我的臉部漸漸恢復動作自如時，我哭了，因為放心而哭。

接下來的一個月，米勒先生至少來了五次（兩次午餐，三次晚餐），每次我都在場。有一晚我預感他會來，因為他雖然用新的假名來訂位，卻給了跟上次一樣的回電號碼。記得一起上品酒課時，他說過討厭太冰的白酒，所以我想先猜猜看他會選哪種酒。我知道他的品味，料想得到他會先選義大利白酒。我甚至記得他最喜歡哪幾種義大利白酒。

在他預定抵達的前五分鐘，我從冰箱拿出五瓶酒，好讓這幾瓶不致太冰。他果真來了，也正如我所料，翻到酒單上義大利白酒那一頁。當侍者把他點的單子送進來時，我嚇了一跳，米勒先生選的酒不在我預選的五種中。他點的酒還在快結凍的冰箱裡，是產自Ronco del Gnemiz 酒莊的 Tocai Friulano，那瓶已經結霜了。

我邊低聲咒罵，邊走向酒吧，躲在他那張桌子看不到的地方，把那瓶冰凍的酒放在大腿之間溫熱。五分鐘後，招呼米勒先生的侍者緊張地走向我。「那瓶 Tocai 在哪裡？他在問酒呢？」我摸著酒瓶說：「現在應該可以了。」伸手遞給他。我的褲子又溼又冷。不久侍者回到酒吧，一臉被打敗的表情，緊緊抓著酒瓶說：「米勒先生要換一瓶，這一瓶太暖了。」

米勒第五次，也是最後一次來餐廳時，他與妻子帶著同行女星瑪麗・海明威（Mariel

Hemingway）及其新婚夫婿克里斯曼（Steven Crisman）。他們剛開了家氣氛活潑的餐館，名叫山姆咖啡館（Sam's Cafe）。她曾在電影《情難捨》（*Star 80*）中演出身材豐滿的《花花公子》玩伴女郎，因此我無法不注意到她隆了乳。米勒先生完全豁了出去，一開始便點生蠔與香檳。我為海明威小姐倒了杯 Billecart-Salmon，然後慢慢把杯子滑向該放的地方，忍不住盯著她的乳溝看。如果不是為了向她拋媚眼，我或許會注意到桌巾沒熨好，摺痕的印子清晰可見。就在我滑動酒杯時，頭重腳輕的香檳酒杯底座碰到摺痕凹處翻倒，冰冷的香檳灑滿海明威小姐的洋裝和大腿。我糗到簡直無地自容。

一九八六年一月二十三日晚上，巴克主廚與我守在西四十三街的《紐約時報》大樓外。十一點零四分，一綑綑次日的早報自一輛卡車上丟下，接著在大廳解開。我們丟下三角五分錢，急忙把報紙翻到星期五週末版的最後一頁，找到聯合廣場餐廳的評論。米勒先生給我們兩顆星，代表「極優」（very good）等級。我倆欣喜若狂。他稱讚我們的菜色和裝潢「道地而兼容並蓄」，海鮮燴飯「令人食指大動」，義式醃漬蔬菜麵「分量多」而且「調味大膽」等。

評論中有兩點甚得我心。一是我們「正迅速成為市中心區出版界常去吃午餐的地點」；直至今日，我都希望自己新開的每家餐廳都有一群死忠顧客，把它當做「固定午餐地」。當一家餐廳足以成為特定一群人的非正式俱樂部後，就會更添神祕色彩，吸引更多顧客。接著米勒先生又寫道，有心的設計讓聯合廣場餐廳感覺像是「與周遭合為一體，沒有突兀感」。

當一家餐廳足以成為特定行業的非正式俱樂部後，就會吸引更多顧客。

讀著他的文章，使我了解到自己憑直覺做的事確實產生了效果。從此，我便刻意遵守這個策略。

《紐約時報》這篇評論對聯合廣場餐廳營收的影響，超過其後每篇評論我們各家餐廳的文章。一夜之間生意便大增六成。多年後米勒先生才跟我透露，因為我們的友誼，他反而對我們更嚴格，以避免出現利益衝突。他也曾與《紐約時報》的主管討論該如何處理這篇評論。他大可不要評論我們，可是這對讀者和餐廳都不公平。最後他和主管協議，如果他不喜歡這家餐廳，或許就不要寫；如果喜歡，就算他低估了我們。他願意給我們一個機會，讓我們超出他的預期。這是恩賜。

早期還有一位意外的導師令我受益良多，協助我釐清並實現願景。他是火花牛排館老闆之一、令人印象深刻的塞塔先生（就是促成我與山姆．布朗談成交易者），經常會不請自來地出現在店門口。當時因為當老闆和主管的經驗不足，又要學習如何經營忙碌的餐館，我正吃足苦頭。塞塔先生的第六感很靈，能夠準確知道什麼時候該斥責我，什麼時候該幫我。他既是天才，也是惡棍；既迷人又粗魯；有時親切得像泰迪熊一樣可以抱抱，有時又脾氣暴躁得叫人害怕。他的領帶上總是有紅酒漬，襯衫經常少了幾顆鈕釦，既熱愛生活又不忘嘲笑生活。瞪得老大的眼睛已生出魚尾紋，是因為老愛嚴厲斥責人所生成的。

某天塞塔先生又來突擊檢查，我立刻把自認聰明的一道新菜點子：炸牡蠣凱薩沙拉，拿出來表現一番。我們坐在六十一桌，我信心十足地要廚房送來一份試吃。過去沒有人做過這種嘗試，就連雞肉凱薩沙拉都還是很多年以後的事。

塞塔沉著臉說：「這道菜跟心理自慰沒有兩樣。你顯然只是為了引起著名美食、烹飪專欄作家法布里坎特（Florence Fabricant）的注意，好登上《紐約時報》。」接著又說：「壞消息是，她根本不會領情。我保證那鬼東西兩個月內就會從你的菜單上消失。如果是我，兩分鐘內就會把它拿掉。你應該不會那麼笨吧？」他說得有理，我連忙取消這道菜。

雖然我們的背景截然不同，但塞塔先生對款待、服務和優質的見解，與我所見略同。他的店永遠滿座，每週一至五晚上他一定親自坐鎮，把全副精力和熱忱放在監督員工、不錯過任何細節上。我倆對於看待訂位的立場南轅北轍。在塞塔先生眼中，訂位只代表餐廳會等候你大駕光臨，至於何時可以入座則是另一回事。火花牛排館的客人即使訂了位，通常仍可能等上十五到九十分鐘不等，而聯合廣場餐廳如果讓訂位客人等候三十分鐘，他們就準備用書面向我抗議，再把副本送給紐約市每位餐廳評論者。塞塔先生總能逃過抗議，因為大家喜歡在「火花」用餐，還把等候變成預期的用餐經驗。（後來這給了我信心，對 Shake Shack 大排長龍不致太發愁——那也在顧客的預期內。）

早年我還遇到另一位無價的導師：就是厲害的葡萄酒進口商羅伯・查德登（Robert Chadderdon）。他是我一九八四年在佩斯卡工作時，最早認識的特別人物之一。即便在那個年代，他就以難搞和破壞成規享有神話般的名聲。

據說他對於要和哪家批發商、餐廳或零售店往來，非常有選擇性。他要求客戶必須符合高標準，同時對他要謙遜且有信心，大部分業者都無法做到。不過，我喜愛貼著他的標籤「查德登特選」的任何一瓶葡萄酒（而且從未失望過）。在我還不太懂葡萄酒時，總會在零售店以及賣酒的餐館尋找他的標籤，那幾乎等於是品質保證。某日，佩斯卡總經理史卡波洛宣布，查德登先生已蒞臨本餐館，口氣彷彿是外國皇室駕臨用餐。

初遇羅伯的印象極為深刻，所以一年後，我為聯合廣場餐廳安排開幕酒單時，便鼓起勇氣電話打給他。他在電話那頭對我仔細拷問，以判定我是否值得他出售酒品（你要開什麼餐廳？地點在哪裡？主廚是誰？你有什麼背景？）之後他同意與我見面，一起吃飯。我們在格林威治村第六街的小酒館碰面。他直視我的眼睛，一開口便問：「你究竟幾歲了？」我說：「二十七。為何有此一問？請問你貴庚？」

他答：「三十七。」又神色自若地說：「過去十年裡，我對酒與人生遺忘的部分，比你未來二十年能學到的東西還多。」我當機立斷，此人有值得我學習之處，我也有向他學習的意願，相信做他的學生會很愉快。他立刻成為我重要的顧問與盟友，亦父亦兄。後來我們密切合作，甚至數次結伴至法國和義大利旅行。我在這兩國曾有幸接受密集訓練，得到葡萄酒與食品的高等學位。自那晚初見面後至今，羅伯又累積了二十年的智慧，卻仍未停止教誨、督促及愛護我。

若只把羅伯．查德登視為葡萄酒專家，未免過於膚淺。他不但具備天生完美的味覺、不可思議的口味記憶、對內在品質的敏銳感受力；同時擁有豐富的人生知識、智慧與判斷力，足堪借鏡。這些年來，我在了解品質、美食、美酒和人生方面，受益最多的部分全來自他。

一九八八是我們開業第三年，這一整年帶來重要的轉變。我們首次打進《薩加調查》（*Zagat Survey*，編按：紐約最著名的餐廳評級機構）紐約前四十名最受歡迎餐館排行榜，位居第二十一，聯合廣場餐廳也被譽為「美式創意烹調之光」。一九八八年八月，同居四年後，我與奧黛麗步上紅毯。初秋時分，我考慮已久的廚房變革也付諸實行。

首度擔任主廚的巴克曾經承諾要為我工作兩年，如今他做了三年！他竭盡所能地做好一切（包括娶到賢妻），雖然原本沒有主廚經驗，卻也貢獻出每一分質樸的烹飪能力及努力。我跟他開誠布公地討論未來，對他說：「你有很大的潛力，不去多學點東西太可惜。而聯合廣場餐廳也有無窮的潛力待發揮，讓一位經驗更豐富的人來領導廚房，必能如虎添翼。」我鼓勵他到法國去待一段時間。我們兩個談著談著，心裡都很難過，不禁潸然淚下。我們已經成了好友，也曾並肩為這裡投注心力與精神。巴克完全明白我的意思，卻很難接受我的結論，可是我知道這是正確的決定。多年後的今天，我們仍是好友，他定居密西根州，經營餐館有成，家庭也幸福美滿。

十月初，我挖角老同事羅曼諾，他一直在 La Caravelle 餐廳工作，以實在但輕巧的方式烹煮經典法國菜。我花了不少時間說服他，說他應該考慮向市中心發展，費了一番唇舌終於讓他點頭。最後吸引他動心的是，雖然轉到我這裡工作，就得放棄多年辛勤耕耘練出的好手藝，但可以讓他回歸自己義大利的根。

他來的第一個月，我不准他更動菜單。我建議他：「去認識員工、客人、設施和餐廳的律動。研究現有菜單上的菜色，使之好得不能再好。另外利用每日特餐的機會，測試新菜的反應。這樣就知道顧客可以接受哪些，然後再一樣樣加進菜單裡。」

我們確實照這個方式進行。一九八九年五月，米勒先生再度回來評論我的餐廳。這次他給了三顆星，並指聯合廣場餐廳為「一種可稱為國際化小館的新類型餐廳的典範」。米勒先生提到羅曼諾主廚熱中義大利北部的菜餚，還說我們的菜單「是我在此地見過的最整齊的菜色」，並且「價格公道」。他說我們的酒單在紐約市屬一屬二，「有許多不常見的珍品」；

我們的桌位「距離安排得當，易於交談」，比酒吧區低幾個階梯的用餐區「具鄉村風味而且誘人食慾」。

十月份《薩加調查》紐約最受歡迎餐廳排行榜，把我們從二十一名升至十六名。不過叫人悲痛的是，我們鍾愛的總經理杜達許先生，也在同年因愛滋病併發症辭世。幸好他堅持得夠久，看到了自己努力的成果：一家待客與廚藝均愈來愈受歡迎的餐廳。

進入餐飲業才四年，我內心的火剛開始燃燒。從舒適的裝潢和氣氛，到供應的餐飲物美價廉，我對聯合廣場餐廳的願景已經實現。至今，聯合廣場餐廳仍是我個人最純粹的表現，也最清楚地展現了旗下所有餐廳的共同使命：盡可能以最兼容並蓄、易於接近和真誠周到的方式，做出優異的表現。

CHAPTER 4

細節裡的魔鬼

當顧客在言談之間，把一家餐廳當做是自家餐廳，則共同擁有感於焉而生。他們會迫不及待地想告訴親朋好友，不止美食經驗，還有受到尊重和關愛的感覺。這種歸屬感帶來信賴感和被接納、被肯定感，必然會使顧客再度上門。任何公司想要長長久久，絕不能只做一次生意。

我這一輩子只釣過一次甩竿釣（fly-fishing），地點是在科羅拉多州亞斯本（Aspen）郊外的伍迪溪（Woody Creek）。我跟隨的年輕嚮導，是十一號麥迪遜公園餐廳首位大廚赫佛南（Kerry Heffernan）所極力推薦的。這位嚮導是甩竿釣專家，展現出超乎年齡的智慧。他涉水走入一條清澈湍急的溪流時，一面拿起一小塊石頭，一面叫我過去。他把石頭翻過來，面露笑容。我從遠處看不出來，石頭滑溜的底面有什麼特別。

他說：「你過來看。」他指著在石頭上孵化的數十隻水棲昆蟲。這讓他知道要綁哪種毛鉤才對，他解釋說，鱒魚只會咬形似在孵化昆蟲的人工毛鉤。然後他絲毫不差地把石頭放回原來的位置，我為此深深著迷。石頭下有大量的資訊，只看你知不知道或有沒有心去尋找。

我把這珍貴的一課帶回紐約。只要用心去找，每個故事後面必定有另一個故事；只要肯用心，肯花時間，有興趣去發掘，便可以增加顧客「上鉤」的機率。我巡視餐廳用餐區時，總是不斷尋找各種細節：如客人不耐煩的表情或瞥手錶的動作、一盤未動過的菜肴，或者客人好奇地盯著陳設的藝術品等。這些細節可能透露出客人正感到無聊、煩燥、困惑、需要關愛，或只是在做白日夢。每種情況，都趨使我走向那一桌，提供某種款待的機會。

別人認為你對他有多在意，就會以同樣的在意回應你，這是人類天性。所以建立關係的不二法門便是真心關切對方，讓對方願意說出自己的故事。當我們主動去關心客人，對方就會產生和我們是一家人、「共同擁有」這家餐廳的感覺。

首先，第一步得「把石頭翻過來」。

我一再提醒員工，要視情況主動與顧客建立關係。例如簡單地問一句：顧客是哪裡人，就會產生驚人的威力。這類問答中不難找出某些連結，可能我們都認識相同的朋友，或是喜歡同一家餐館，也可以聊同一場球賽。「你認不認識某某人？」這個老招數是把石頭翻過來、強化人際連結的典型例子。

當你要選擇一家餐廳用餐時，在其他條件相同的情況下，一定會選侍者領班跟你念同一所學校、與你支持同一支球隊、生日跟你同一天，或認識你遠房親戚的那一家。此外，也比較可能選上次去吃時，大廚曾出來打招呼，或是他知道你愛吃軟殼蟹，曾特別為你留下最後一份的那家餐廳。只要有心，資訊是等在那裡被發掘的。

巡視用餐區對我而言，最重要的便是能夠聆聽、觀看及感覺現場的情況，好讓我能夠與員工和顧客產生連結，並有所作為。我沒有適用於所有顧客的標準做法，經常靠直覺來判斷是不是可以去問候某桌客人。我都是這樣主動出擊的，也許只是走過去說：「謝謝各位光臨。」便把球發到對方的那一邊。這樣的接觸可能進一步，也可能就此打住。不過一旦石頭翻了過來，我和顧客就會開始交談，並從中得到訊息，再根據這個訊息行事。（有時我會知道客人只想靜靜用餐。）

巡視用餐區，最重要的是聆聽、觀看及感覺現場的情況。

二〇〇二年四月某晚，藍煙烤肉餐廳開幕後沒多久，我發現用餐區後方有對夫婦正望著庭園裡的樹木。我感覺得出來，他倆正在辯論肋排是否好吃，於是我走過去打招呼。我問：「兩位是哪裡人？」

那位先生答：「我們來自堪薩斯市。」

我回說：「我們這裡的烤肉很難比得上你們家鄉的水準。」

我們繼續聊天，得知他們剛搬來紐約，很高興在住家附近發現正宗火爐烤肉店。那位先生說：「我只希望吃烤肉不必四週前就要訂位。」我告訴他，本餐廳才剛決定留下一半的位子給隨時上門的客人，以鼓勵臨時起意來用餐。這個消息令他們滿意。那位先生又說：「在堪薩斯市，餐廳給的烤肉醬不只一種。你們會不會考慮供應比這個更甜更辣的烤肉醬？」

我的直覺是對的：他們心裡有事。現在我知道是怎麼回事，也知道該如何建立連結，「你的建議很棒，我們的廚房恰巧正在調配一種堪薩斯市特有的烤肉醬。你們要不要率先嘗嘗味道？」

我到廚房拿了一瓶那種醬，送到他們桌上。那位先生倒了一些在烤肉上（德州人絕對不會這麼做），然後滿面笑容地說：「好像回到家鄉一樣！」我請他留下名片，後來「藍煙」開始供應堪薩斯式烤肉醬時，我寫了封短箋給他。

我確信那對夫婦在這次交談後，對這家店產生了認同感。對他們來說，我們推出新醬汁，某部分是拜他們所賜。我們希望與顧客進行的對話便是這一種；**唯有透過人與人的交談，才可能有款待的存在**。我們從這次對話得到寶貴的顧客回應，也與兩位顧客建立了連結。我投資的那六分鐘很值得！

我盡可能親自到各家餐廳巡察。在到西五十三街開「現代」餐廳之前，有將近二十年，我所有餐廳彼此的距離，以及它們與我家的距離，走路都不超過十分鐘。我照例在午餐時分到每一家店去看看，不只是為了打招呼、握握手，更重要的是在餐廳的大社群下建立起每天的小社群。

最理想的做法，是先盡量蒐集有關顧客的資訊，我稱此為「點的蒐集」。我敦促各店的經理應做到ABCD，即「時刻不忘蒐集點滴資訊」（always be collecting dots）。

每個點都是資訊。資訊蒐集愈多，愈易於做出有意義的連結，不但讓客人感到高興，也為自己製造生意優勢。利用蒐集到的一切資訊，讓顧客結合在共同經驗的號召之下，我稱之為「連連看」。如果不把石頭翻過來，就看不到下面的點點滴滴；如果不蒐集這點點滴滴的資訊，就無從連連看。舉例來說，假設我不知道某人是替某雜誌工作，而我正好認識那個雜誌的總編輯，那豈不是坐失良機，無法做有意義的連結，以增進我們與這個客人彼此的關係。資訊是現成的，就看你有沒有心去尋覓。

資訊蒐集愈多，愈易於做出有意義的連結，為自己製造生意優勢。

我總不忘搜尋取得資訊的機會，而且不限於店裡顧客的資訊。我經常站在用餐區的角落旁觀，體察室內的溫度、氣味和音量，更重要的是觀察員工彼此相處是否愉快？工作是否專注？如果這兩個問題的答案都是肯定的，我就有信心我們可以做得很好。試想當你走進一家餐廳、一間辦公室，或甚至看看棒球比賽時的球員休息區，如果大家都樂在其中而且心無旁騖，那麼勝算就很大。

我也研究顧客的面孔。若看到顧客的視線在餐桌中央交會，就知道他們正相談甚歡，也有把握一切進行順利，但這不是前去打招呼的適當時機。客人出外用餐主要是為了相聚，他們的眼睛會告訴我此刻正在聚首。

當我發現有客人的視線不在餐桌中央，或許就該過去看看。我不確定出了什麼差錯，可是我有把握，此刻去跟客人建立連結，不會令對方覺得受到打擾。客人有這種表情，也許是上菜等得太久，想要找侍者來問問；也或許只是對餐廳建築本身、牆上的藝術品，或是對別桌的俊男美女感到好奇；也可能是一時無聊，想暫停休息一下，或正與同伴鬧彆扭。

我也喜歡找單獨吃飯的客人。從我獨自用餐的經驗裡了解到，這類客人想做的事很簡單：讓自己享受一段充實、安靜思考的時光，然後選中我們餐館。我把這視為無上的恭維，也希望今天的單客明天會帶來一桌四個人的生意。

一點點洞察力可以發揮大作用。款待顧客的正確方式，可能只是站在附近用肢體語言向顧客表達善意。假設我接觸到某女士的視線，她也許示意我過去，告訴我她需要水、要找侍者，或要買單。我感謝她的光臨，她可能回答：「不客氣。這裡比你其他的餐廳要好太多了！」「我們剛才正在聊，這家餐廳是多久以前開的？」「這次再來感覺不錯。上次來時，服務簡直是牛步。」「自從開幕後我們就沒有再來了。那時候好吵！你是怎麼解決的？」

我從這些交談裡蒐集資訊，不只是了解顧客，也想知道他們對產品與服務的觀感。比起其他產業，**餐廳所享有的優勢，就是在顧客享用我們產品的同時，可以立即得知他們的反應。**人們很在意食物和自己的金錢，對於上餐廳吃飯也抱著很高的期待。所以，只要客人相信我們是為他著想，通常不用太辛苦，便能得到坦白的反應。

顧客如果真心喜歡他們點的料理，我看表情（和盤子）就會明白。如果有所不滿，只要我們與客人曾建立良好的關係，他們也會讓我或員工知道。

某晚在「藍煙」，我注意到有客人已經用完餐，但盤子裡的洋蔥圈卻大半沒有動。那可能只代表他們已經吃不下了，不過我仍走過去打招呼，順便看看。果然沒錯，那些洋蔥圈看起來不酥脆。我指著洋蔥圈說：「這不合各位胃口。」

那位男士說：「沒錯。只有這樣食物我覺得還可以再好一點，應該更脆一點、更辣一點。」

我說：「那麼這些不算錢。」不久他們起身準備離去，那位男士拿了一張百元美鈔給我，「這是給那位服務生的。」我知道這名侍者的確不錯，不過這麼慷慨的小費，也代表顧客欣賞我們的用心和對顧客的關心。

由於保持洋蔥圈穩定的品質必須付出高昂的人事成本，所以我們決定把它從菜單上刪除，這當然引發了另一波抗議，愛好者高喊：「把洋蔥圈還給我們。」

在伍迪溪時，當嚮導把石頭翻過來之前，我覺得能夠站在湍急的溪水邊，欣賞夢幻般美麗的河谷與山脈，便已心滿意足。後來才真正體悟到，經營事業者倘若能像甩竿釣者那樣，仔細觀察每個細微之處，相信也可以取得重要資訊，使你對顧客產生更大的興趣，也鼓勵顧客對你產生興趣。

自從聯合廣場餐廳一九八五年開張以來，光顧過這家店和其他餐廳的客人，都會在結帳時收到意見調查表。若客人在意見表正面填上姓名住址，我們就把他列入活動簡訊的郵寄名單。我們會照意見表上保證的「定時通知客人即將舉辦的活動」，像是美食美酒品嘗會和烹飪課程。意見表反面有空白處，供客人對食物、酒類、氣氛、服務，或任何他們想到的問題發表意見，這是蒐集資訊的大好機會。最初由我親自回覆每張意見表，現在則由各店的主廚和主管負責，每週要看近百張的意見表。這麼做很有用，不但可以建立餐廳與顧客間的互信，鼓勵和充實彼此的對話，也能夠令顧客相信他們的意見受到重視。

調查顧客意見現在看起來或許沒什麼大不了，但在八〇年代可謂前所未有。當時很少看到高級餐廳發送意見表，感覺上那是平價餐廳才會做的事。可是不過兩、三年的功夫，我為首張意見表所寫下的那句話：「希望您再次光顧聯合廣場餐廳，本店竭誠歡迎您提供意見和建議。」已被各式各樣的餐廳幾乎一字不差地照抄。

我們的郵寄名單，已遠超過十五萬個名字。我們發現，這些名單是建立社群，維繫全國、甚至全球顧客關係的利器。現今整個行銷業都在積極搜羅電子郵件地址，以便與現有及潛在顧客保持聯繫。我們也發電子郵件，不過依我個人判斷，透過傳統方式寄送個人化信函或公司刊物所產生的有意義聯繫，是難以取代的。

生意人的老話：「顧客永遠是對的」似乎已經過時，應該主動出擊製造機會，讓顧客感覺即使他們的意見無理也會受到尊重。無論在各店巡視時、在意見表上，或在信函或電子郵件裡，我總是積極鼓勵客人，如果他們感到有任何不當之處，儘管告訴我們。對表示意見者，我衷心感謝。

我向來把傑出表現看成是旅程而非終點。完成這趟旅程則需要一種運動員作風，運動員有匯集所有資源以競爭求勝的天性。我認為，**適用於網球場或棒球場上的運動技巧，同樣適用於做生意**。這是天賦能力加上專注的訓練，以及堅持求勝的毅力，三者的完美結合。

朋友曾對我講過一個故事，有關佛羅里達州州長傑布．布希（Jeb Bush）的運動員作風。朋友是非常成功的企業家，同時也是民主黨員。他在佛羅里達州開了分公司，員工約有四十人。公司正式成立那天，他意外接到（素昧平生的）布希州長親自打來的電話，感謝他把生意拓展到佛州。州長說：「我給你一個特別的號碼，如果需要為貴公司遷移道路或興建橋梁，打這個電話就可以。」朋友現在依然是民主黨員，不過這件事令他對布希州長留下深刻印象。

不論政治立場為何，這都是一則發人深省的故事。布希州長這種出人意表的動作，向選民發出清楚的訊息：任何一張選票都不能視為當然。餐飲這一行非常依賴不斷上門的常客，缺乏這群常客而能生存的餐廳，就我所知不多。

如果訂位表上有新的電話區域碼或郵遞區號，或是我注意到有不遠千里而來的客人，我一定設法讓這類顧客受到特別關照。可能會問他們是怎麼知道這家店的？是來出差還是度假？在紐約期間還會到哪些地方用餐。這可以打開與客人的話匣子，也是推薦他們光顧我們別家餐廳的大好機會，他們在那裡也會享受到特別待遇。希望他們回家以後，能為我們每家餐廳散布口碑。

如何讓顧客再度上門？無論經營保齡球館、藥房、電腦公司或刺青館，每位老闆都要面對這個問題。**顧客上門分為兩種過程：嘗試和重複，你必須在這兩個過程都勝出**。假設是開餐館，很幸運地說服了某個客人，願意來做初步的嘗試（這並不容易），那務必讓他留下極佳的印象，始能贏得第一回合。我覺得企業大多比較擅於用心服務熟客，卻疏於吸引新顧客，然而新舊客人對任何公司都很重要。討老顧客歡心固然重要，但是延續企業壽命有賴贏得新顧客的心。以網球比賽為例，除非每回合都贏，否則不可能拿到冠軍。如果能夠與某位顧客打到第三回合，那他就很有希望成為可貴的常客。

研究哪些人會成為常客，總令我興味盎然。喜歡我們所有菜色的顧客，只占極少數，大部分的人會對某家餐廳情有獨鍾，頂多再喜歡另外一、兩家。決定喜歡與否的因素通常在於投不投合，以及個人對食物和設計裝潢的偏好。

我的各家餐廳安打率相當高，有七成以上的顧客會再回籠。有一點值得重視，就是這幾家餐廳歷史愈久，愈受歡迎，而且不止反映在《薩加調查》的排名上。除少數例外，這幾家餐廳的營收也年年增加。我知道受歡迎並不絕對代表優秀，不過那是個可靠的指標，可以反應你令多少客人感到滿意以及滿意的程度。

一個愛上館子的紐約客，每週外食三次，一個月就有十二次的外食機會。到外面吃飯，大家都喜歡發掘新餐廳，所以我假設十二次中有八次紐約客會想試吃從未去過的店，包括新開張或開了很久的餐廳。這樣每月仍剩四次是吃自己喜愛的老地方。我不期待顧客每天甚至每週都光顧旗下的餐館（可是我們十分幸運，有不少習慣來用餐的老客人）。假使有常客，每週惠顧三到四次，還把我們的餐廳當做俱樂部，甚至視為自己住家的延伸，而不止是普通的一家餐館，那我會非常感恩。

我的目標是爭取大量客人成為固定常客：午餐有四成，晚餐有兩成五，每月光顧六到十二次。看百老匯的秀，不管多好看，一般人多半只看一次，然而**用餐愉快的經驗，卻會使人想要一再重複**。餐廳若經營到極致，應該讓顧客離去時覺得自己彷彿被滿足地擁抱過。

不論賣什麼產品，若能做到如此地步，就可以為公司奠定堅固的基礎。滿意的顧客不只是常客，更是口碑傳播者。他們會告訴所有人，自己多麼喜愛你的產品，主動幫你推銷。汽車公司和鐘錶廠早就明白，顧客購買他們的東西，不只是為了產品本身的性能，也是為了**表現自我**。正如選擇戴什麼手錶、開什麼車，都會傳達你是個什麼樣的人，選擇經常光顧的餐廳也有這種作用。我們希望盡可能讓最多的客人，以在我們店裡用餐為傲。我們的任務便是令顧客覺得與有榮焉。

自從有電腦和線上訂位之後，我們可以比用紙筆的訂位簿，更有效率地建立常客群。每天一開門，我就會接到電腦記錄的各餐廳詳細訂位單，助理每天早晨也會檢閱這些訂位單，尋找可以有助改進款待之道的蛛絲馬跡。我們去了解當天有哪些客人要在何時、在哪家店進餐，有助於規畫一天的工作，讓我有機會參與為顧客安排座位及招呼他們的工作。

滿意的顧客不只是常客，更是口碑傳播者，主動幫你推銷。

我們會策略性地讓工作性質相近的客人坐得比較近，以製造偶遇的機會；也會讓想要獨處的客人不受干擾。我剛好很喜歡地圖，所以把負責訂位的人視為製圖師，訂位單視為地圖，用餐經驗則代表顧客一次短暫的假期。度假時遊客有很多路線可以選擇；而我們的任務則是繪出包含最多細節的地圖。在某位顧客進門前，我們能夠蒐集到愈多確切的資訊，便愈可能創造「讚不絕口」的經驗。顧客這次來是為了什麼特殊場合嗎？是否是首次光顧？某人是否希望安靜？上次來時有沒有發生過任何問題？有沒有人會過敏？這個客人愛喝紅酒；那個客人是專欄作家；還有一個待會兒要去看尼克隊（Knicks）的比賽等。

負責接聽訂位電話的員工，形同站在款待顧客的第一線。他們仔細聆聽，然後把所有從來電者取得的資料，輸進我們的訂位系統及「顧客小記」資料庫。我們的接待員、領班、經理和侍者，可以從中了解顧客的許多需要，以調整服務和款待方式。

我們同樣會把過去犯的錯誤輸進顧客資料庫裡，如「七月十六日鮭魚煮得太熟」、「五月十二日把酒灑在客人手提袋上」……。也會記下顧客所有的特殊要求，例如「偏好第四十二桌」、「送餐時帶辣醬」、「喜歡靠角落的桌子」、「雞尾酒旁邊一定要放冰塊」、「對貝類水產過敏」、「咖啡在甜點之後上」……這些都會出現在電腦的訂位畫面上。只要態度真誠，大多數顧客都會樂於告訴我們真正的喜好或需求。

在客人尚未踏入餐廳大門前，我們就能利用訂位單開啟款待經驗。某天我在訂位單上發現，當晚有對夫婦要到「格拉梅西小館」慶祝結婚二十週年，那當然是非同小可的一餐。當天早上我便撥電話給這對夫婦，謝謝他們把這麼重要的日子與我們分享。我說：「請帶著好胃口來，好好慶祝一番。」電話那一頭的女士聽到我這番話十分驚喜，並表示她正要來確認訂位。我告訴她：「不必再打電話，一切都安排好了。」

掛上電話後，我向格拉梅西小館確認訂位無誤，指示他們免費招待那對夫婦一道菜。我知道那道菜一定會很美味，並且由很稱職的侍者送上，因此我有信心，我們能夠創造令顧客難忘的一晚。

這是主動出擊款待顧客，我們各店的主管均竭盡所能地這麼做。有很多行業要靠口碑。一般人總喜歡聊慶生、過節和過紀念日要什麼方式及地點（「你生日是怎麼過的？情人節男友帶你去哪裡？」），因此這類**特殊場合是建立口碑的絕佳機會**。

同一天早上在檢閱訂位單時，我得知一位熟客當晚要在塔布拉進餐，並且前兩天裡，他已光顧過我們其他三家餐館。其中一家是藍煙樓下的音樂俱樂部「爵士標準」，這位客人在那裡聽到鋼琴家比爾·夏拉普（Bill Charlap）精采的演奏，十分滿意。知曉這類細節實在太重要了。我打電話給塔布拉的總經理威爾森（Tracy Wilson），要她一定得向顧客表示我們多麼感謝他如此愛護。

我又看到另一張訂位單上，我認識的一對夫婦當晚預定到藍煙用餐，他們訂位時曾特別問候我。那還等什麼？我立刻拿起電話打給他們，並在答錄機上留言：「嗨，海倫和保羅，我是丹尼。看到你們今晚要光臨藍煙，只是想表達，像你們這樣忠實的顧客，對我們非常可貴。我無法親自到場向你們問好，先在此祝福你們一切順利，今晚在藍煙用餐愉快。」

我明白自己大可不必做這類事情，然而，我個人或任何一個員工，沒有理由天天辛苦地工作，只為提供客人一般普通的經驗。我想要聽到客人說：「我們喜歡這家餐館，愛吃這裡的食物，不過你們店裡的人，才是最讓我們感動的。」這是最令我感到驕傲的回應，也等於告訴我，我們各方面都做得很成功。我鼓勵每位主管，**每天花十分鐘做三件超出預期及特別關心顧客的事**。那相當於每年做一千件，再乘以我們各家餐廳百餘位傑出的主管。對任何老闆而言，這都意味著可觀的重複上門的生意。

一九九〇年代後期，我剛開始聽說有網路電子訂位系統時，對這整個概念十分排斥。我認為接受線上訂位，會使我們失去原本由熱忱、人性化的真人接聽電話的優勢。如此一來，我們就與其他餐廳沒有什麼兩樣。

後來有個理由使我改變看法：關閉那個窗口，讓喜歡在線上訂位的人不得其門而入，有欠待客之道。也許對他們而言，晚上十一點半坐在電腦前訂位，會比在我們正常營業時間方便。他們不必打電話，不必忍受忙線中的挫折感，不必在電話那一頭等候，即可得知有沒有位子，也不會經過種種周折，最後卻被告知已經客滿。一旦我終於接受勢在必行的線上訂位後，便立即愛上這種模式及其好處。每當有人上網訂位，我們的訂位員便可少處理一通電話，並免於說那句令人頭痛的：「能否請稍候，又有一通電話進來？」

無論透過電話或網路訂位，我們接到資訊後，立刻加入以往用手寫在訂位單上，或偶爾記在檔案卡上的顧客偏好檔案中。如今多虧電腦的龐大容量，使我得以計算有多少比例的顧客屬於常客；知道他們最喜歡坐哪張桌子，或是有沒有最喜歡（最討厭）的侍者。我可以知道客人的生日或週年紀念是哪一天；知道客人在我們別家餐廳是否也是常客，若他肯再去試吃另一家餐廳，我就會更高興。所有這些等於一個資訊金礦，讓我們能夠做各種連結。

偶爾會出現脾氣壞、要求多，甚至惡形惡狀的來電者，考驗我們訂位員的耐心。我們設計了一個速寫制度，能夠預警可能出現棘手狀況。這也屬於運動員式、主動出擊的款待之道。假使訂位員不得不費盡唇舌去安撫或順應某個怒氣沖沖的來電者，我們或許會註記WFM（welcome from manager，經理恭迎），表示這個客人需要經理格外注意。當客人讓我們知道，不希望受到不必要的打擾，則註記就是「勿打擾」或「放下即走」，奉上餐點就讓客人獨處。我們的工作不是強把本身需求加於顧客身上，而是明白顧客的需求，再據以提供商品。**在款待客人上，一種尺寸只適合一個人！**

每個人的脖子上掛著隱形的牌子寫著：
「讓我感覺自己是重要的。」

我在義大利替家父當導遊的那年暑假，上司是他在羅馬的經理人斯莫登（Giorgio Smaldone）。他來自薩萊諾（Salerno），自尊心強，也是個老菸槍，教給我好多關於款待的精髓。當談到如何接待旅行團團員時，斯莫登先生最常掛在嘴邊的，就是用他那獨樹一幟的英語說：「讓他們覺得自己很重要。永遠都要先從最需要感覺他們很重要的人下手！」

多年後，一位在聯合廣場餐廳工作已十多年的優秀侍者告訴我，之前她在玫琳凱化粧品公司（Mary Kay Cosmetics）工作時，創辦人玫琳凱女士告訴業務人員，每個人的脖子上始終掛著一個隱形的牌子，上面寫著：「讓我感覺重要。」凡是依賴人際關係的行業，最成功的必定是知曉有那個無形牌子存在、並看得出它光芒多麼耀眼的人。真正的優勝者，是最懂得如何去擁抱掛著那個牌子的人。

不管增加多少高科技的助力，餐館業永遠是需要親力而為、頻繁接觸、以人為主的行業。與人握手、微笑、直視其雙眼，藉此表達歡迎之意，那是什麼都無法取代的。基於此，款待有別於機械式的東西，無法標準化、規格化。不過你可以透過教育，讓款待產生威力十足的影響。我發現聚集一大群員工上課，是最能延伸我的接觸範圍的方式。

生意愈做愈大的結果，就是我無法同時出現在每家餐廳。為此，我會研究訂位圖並加以因應。我常在街上偶遇客人，卻說得出：「我知道你昨晚光顧了塔布拉。晚餐還合胃口嗎？」對方會覺得很高興，也很訝異我怎麼知道這件事。我怎麼會不知道呢？若要顧客對我們有興趣，我自當對他們同等地關心。

我利用客人的資訊，把從事相關行業的人引薦在一起，或是讓有共同背景的人，不論藝文界、金融服務業、政界、餐飲業、新聞界、出版業、廣告圈或設計業，互相認識。我稱這為「把相同的種子種在相同的花園裡」，如此才能擴大我們的社群。我會刻意安排這些人坐在附近，但不是坐在隔壁；我也可能直接介紹他們認識，盼望在美好的一餐之餘，「意外的邂逅」可以產生正面的效果。

一位出版社老闆若在聯合廣場餐廳遇見同行，自然就會認為：「同業都是到這裡來吃午飯。」採訪美食的記者，看到知名廚師坐在隔兩桌的位子上，也許會推斷：「他會來這裡吃飯，那這家餐廳必然很不錯。」我把這種關聯性稱為「善意的操縱」。人人都是贏家，包括我們餐廳。

這麼多年來，在建立社群上我得到不少忠實友人的協助。出色的圖書出版商史特勞斯（Roger W. Straus Jr.）至二〇〇四年以八十七高齡辭世為止，共領導該公司近六十年之久。這位講究生活的美食家，自聯合廣場餐廳開張後不久，即成為最支持我們的好客人。據我們估計，他在這吃過大約三千次午餐，最喜歡的是半殼裝的牡蠣、黑豆湯、煙燻牛排三明治，以及鮪魚醬冰凍小牛肉，而且幾乎都是坐第三十八桌。在將近二十年的時間裡，平均每週有三天會來此吃午餐。

史特勞斯先生以與他共餐的人為傲：有博學的主編、諾貝爾獎得主、暢銷作家，他也一直努力把這些人介紹給別的朋友。有時我與他同桌聊天，他會靠過來問我，認不認識坐三十桌或三十六桌的「那個渾球是誰」。如果我說不認識，他總是好心地替我介紹。眼見史特勞斯先生在第三十八桌用餐，各作家、編輯、經紀人或出版商便明白，聯合廣場餐廳是同業在市中心區常出沒的地方。

此時餐廳另一頭若坐著出版界另一位傳奇人物：哈利亞伯拉罕（Harry N. Abrams）公司的葛特列（Paul Gottlieb）也滿不錯的，這家公司是以出版藝術書和文學書著名。這些年來，聯合廣場餐廳的許多桌位陸續有別的出版商現身，其中有不少是固定貴客。

有時我看到某個名字，想起那是曾在格拉梅西小館或十一號麥迪遜公園辦過新書發表會的客人，就會提醒侍者領班要歡迎對方再度光臨。有一天我看到推理驚悚作家派特森（Richard North Patterson）的訂位，他是我們餐廳多年的朋友，每次從舊金山過來，一定到我們這裡吃飯。我想起他最新的小說是以手槍管制為主題，又發現美國支持加強槍枝管制的全國性組織「百萬媽媽大遊行」（Million Mom March）發起人也要到同一家餐廳吃飯。我當然會把他們安排在相近的位子，製造可能產生有利結果的機會。

谷歌（Google）或任何線上搜尋引擎，是人類發明的最佳搜尋工具之一。我在訂位單上，或許看到一個眼熟的人名，就可以用谷歌查詢。這真是厲害的款待工具，也可以用來繪製更詳盡的地圖。

二〇〇四年共和黨全國代表大會舉行期間，谷歌的確成為極其有用的利器。我們在「十一號麥迪遜公園」為大約十二位媒體人準備深夜晚宴，出席的有國家廣播公司（ＮＢＣ）的布羅考（Tom Brokaw）、《紐約時報》的艾波（R. W. Apple Jr.）、莫琳．道（Maureen Dowd）、佩登（Todd Purdum）及佩登夫人、前總統柯林頓新聞祕書梅爾斯（Dee Dee Myers）。經過一整晚馬拉松式的會議，他們總算在十一點四十五分全部坐定，準備享用五道主菜的晚餐。我於凌晨一點離開前，對他們說：「各位如果待得夠久，我們就得送上炒蛋當飯後點心了。」

艾波是俄亥俄州阿克朗（Akron）人，他說：「我看得出你是中西部人，很可能參加過一堆初入社交界的派對。」我笑答：「的確是。十九歲那年，在聖路易參加過幾次初入社交界舞會後，我才學會在凌晨兩點吃炒蛋。」他說：「那我打賭你沒吃過『水仙蛋』（eggs daffodil），那才真是好吃。」他說對了。

我離開時囑咐員工：「上網查查，弄清楚什麼叫水仙蛋，務必在凌晨兩點放一碗這東西在他們桌上。」倘若你相信口碑是做生意之鑰，現在就有一群嘴巴很大、很有影響力的人。

員工搜尋「水仙蛋」後發現，網上只有模糊的描述，但已足以讓十一號麥迪遜公園的大廚赫佛南想到該怎麼做，他照自己的想像，即興地設計出水仙蛋食譜，並心血來潮加上南瓜花和乳酪。到午夜兩點，水仙蛋盛放在銅碗裡，送到艾波面前，時間正好是吃甜點前後，那群記者正在相互舉杯。（布羅考和艾波即將退休，兩人都是最後一次採訪政黨大會。）

次日赫佛南告訴我，水仙蛋「把他們打敗了」。他很喜歡自己的做法：把蛋和乳酪慢火煮熟，放進攪拌器，加一點溶化奶油，再小火加溫，拌入一些南瓜花。他說他決定把這道菜放入早午餐的菜單裡。ABCD策略，即「時刻不忘蒐集點滴資訊」，再次增進了相識相熟的感覺，並挑戰我們的員工，促使他們表現出超乎顧客預期的關注與創意，也帶來多聽、多運用想像力，並付諸實行，以提高價值的機會。

我們照計畫供應了美味的晚餐。當艾波提起「水仙蛋」時，彷彿丟給我們一塊石頭，石頭下長著各式各樣的生物，而我們卻能夠綁上正確的毛鉤、捕到魚。兩年後，我在某個晚宴上遇見布羅考，他告訴在場其他十二個人有關水仙蛋的故事。如果你問艾波和與他共餐的人，那天晚上的菜單最令他們印象深刻的是什麼，我保證鐵定是水仙蛋。

CHAPTER 5

誰規定不能這麼做？

情境是一切的根本。在我創業過程中，最重要的指引是熱情與機遇的綜合體（有時加上意外的發現），引領我在適當時機、適當地點，為適當構想創造適當的情境，進而產生適當的價值。我從不依賴市場分析去創造新的商業模式，我是我自己的測試市場。我的直覺遠勝過分析力。如果感覺到有機會重新塑造自己極感興趣的事物，我就會傾全力去做。

構思和創辦新事業，一直是我人生的一大樂事。先有夢想，再到個人經驗的深處去挖掘，然後把讓我躍躍欲試的東西加以排列組合，創造出從未有過的新事業，這個過程對我來說樂趣無窮。可是唯有符合特定的準則，我才會讓自己投入有風險的新事業：

- 新事業的主題是我所熱愛的（如美國早期民俗古董、現代藝術、爵士、烤肉）。
- 我確知從新事業中可以獲得挑戰、成就感和樂趣。
- 新事業能夠爲我和同仁帶來餐飲專業方面的成長機會。
- 新事業能爲某種進餐情境增添新意，如豪華餐廳（格拉梅西小館）、博物館餐廳（紐約現代美術館內的現代餐廳、二號咖啡廳、五號平台）、印度菜餐廳（塔布拉）、烤肉（藍煙），或者速食快餐（Shake Shack）。
- 財務預測顯示，投資新事業有可能賺到足夠的利潤與回收，所以值得我們冒這個險。

妻子奧黛麗生了四個孩子。她曾說，看著我籌辦新餐廳，會令她想起懷孕及養育子女的歷程。孩子和餐廳一樣，在最初形成的那一刻充滿歡愉，可是之後九個月的孕育期就開始覺得辛苦。等他們出生後頭半年，父母沒有什麼時間睡眠，只覺得好像永遠無法脫離苦海。而之所以願意再經歷一次，是因為我們有內建的記憶抹除器，能夠讓人忘記整個過程的辛苦。

我在構思每家新餐廳的時候，**必定是以自己喜愛的主題為起點，然後瞄準最讓我感興趣的部分，再為之設想新情境。**

可能是設法把現有的東西（如奶凍）做得更好，或是將已經做得很棒的東西（特選名家起司或酒單），放在顧客覺得更愉悅的環境裡。我的興趣絕對不在逕自發明新的菜色，而是創造新鮮的用餐經驗；就像美術館的策展人那樣，努力為作品裝上相得益彰的外框，尋找適當的牆壁懸掛，用合宜的燈光照射。我們挖空心思設計各家餐廳，廚師們則用心良苦地安排菜單上的食物，這兩個元素可以為新餐館的藝術氣氛和手藝觀感加分不少。

當直覺告訴我，某種用餐「情境」目前不存在，但是應該存在，我就會感到創業的衝勁來了。接著我會問自己一連串問題，好強迫自己檢討和挑戰現狀，然後加以改變。每個問題都以「誰規定……？」這幾個字起頭，例如：「誰規定不能在質樸的小酒館裡，用最好的材料烹煮食物，再放在名瓷餐具上，讓客人享受精緻美食的經驗？」「誰說不能就在公園大道旁供應慢火燻烤的豬肉，配上香檳或葡萄酒？」「誰規定不能在沒有人開車的紐約市，開一家賣漢堡和奶昔的典型免下車速食店（drive-in）？」「誰說現場演奏的爵士樂，唯有在菸味瀰漫的深夜俱樂部才好聽？」

我的興趣絕對不在發明新的菜色，而是創造新鮮的用餐經驗。

每家新店都有不同的成形方式。有時是我先認識某位廚師，非常想與他合作，於是就得開始構思和尋找地點（格拉梅西小館）；有時是我覺得有個想法非實現不可，然後才去找地點和廚師（聯合廣場餐廳）；有時是我愛上某個地點，於是需要有廚師和構想（現代）。

立志為已經存在的東西增添新意，左右著我與同事們所做的每個決定。從選擇地點到員工制服，以及幾乎所有我們供應的菜色，都是如此。無論主題是清燉條紋鱸魚、涼拌鮪魚丁、火腿三明治，或者只是一杯熱巧克力，我都會挑戰店裡的主廚，要他們告訴我，究竟**怎麼樣做才會與眾不同，或是做得比別人好**。

就像是多年前，我們覺得聯合廣場餐廳的菜單上需要有牛排，而紐約市已經有好幾家世界級的一流牛排館。所以我們想出獨家的煙燻牛排做法：拿一大塊肉，先用冷煙燻，再炙烤，然後灑上炒韭蔥，配以世界級馬鈴薯泥，再送上桌。原本沙朗牛排可能是「別家有，我們也要有」，所以在菜單上聊備一格。然而聯合廣場餐廳的牛排，卻成為吸引顧客一再回籠的因素。不過，重新建構顧客熟悉的東西時，成果一定要出眾，又不可顯得做作。

我向來會要求主廚說明，為何他認為某種菜色就是適合他的餐廳。我曾問塔布拉的主廚卡多茲（Floyd Cardoz），為什麼靈感得自印度菜設計的菜單上會出現原種番茄（heirloom tomato，編按：非人工育種的品種）？他答：「很簡單。我用這種番茄，加上現磨薑末、大量印度黑胡椒和義大利香醋來做沙拉。」原生種番茄沙拉成為塔布拉的特色菜，沒有人可以說那是拾人牙慧。他不斷尋找合宜的方式，創造符合印度風味的新菜色，由此證明，在實驗新菜之際，仍可以堅守傳統，並使用當季食材和傳統烹飪法。他對酪梨沙拉醬做過同樣的實驗，在酪梨沙拉裡加入烘過的印度香料，並用脆脆的新鮮蓮藕片取代墨西哥玉米薄餅。

除非我們的廚子能做出格外好吃的涼拌鮪魚（九〇年代的紐約每家餐廳都有這道菜），否則我不希望它出現在我任何一家餐廳的菜單上。這個挑戰使我們為十一號麥迪遜公園想出一道出色的招牌菜：半邊生半邊熟的涼拌鮪魚。上菜時搭配酪梨切片和蘿蔔沙拉，色香味完全異於我在紐約吃過的所有涼拌鮪魚，好吃得令人上癮。「如何與眾不同？」是我們每天要自問自答的問題，而且對象不限於食物。不論從事哪種行業，與眾不同可以為工作增添趣味，也讓別人有理由跟我們做生意。否則誰真的非買我們的產品不可？真正增加或出售的價值又在哪裡？

聯合廣場餐廳之所以變得如此五花八門，其中一個原因在於，將近十年時間，這裡是我所有烹飪點子的唯一舞台，而我希望這些點子能夠豐富顧客的用餐經驗。每逢旅行途中，我一定不放過品嘗各色各樣食物的機會，而聯合廣場餐廳是我唯一實驗新發明的地方，我不放過每個可能實驗新點子的機會。比方：

- 自編蒐羅完整的國際葡萄酒酒單（而當時同業只專注於一、兩個國家的葡萄酒），開創編排酒單的新方式（按風味而非名稱分類），供應顧客應時的食物加葡萄酒正餐。
- 編寫半年發行一次的企業期刊，藉此與顧客對話，促使他們繼續光顧。

「如何與眾不同？」是我們每天要自問自答的問題。

● 八〇年代後期開始，我們星期天晚上也營業。當時的精緻餐廳還很少這麼做。

● 九〇年代晚期，我決定在用餐區禁菸。多年來我允許客人在餐廳裡的某些地方抽菸，可是煙會飄散，我受不了日復一日夾在吸菸和不吸菸者之間調停爭執。一九九一年起，聯合廣場餐廳一律不許抽菸，比紐約市通過餐廳局部禁菸早了四年，比二〇〇二年更嚴格的版本早了十年。

儘管聯合廣場餐廳一直經營得很好，我卻有近九年時間，堅決反對開第二家店。主要是因為我親身經歷過家父事業的起伏及兩次破產，所以總認為擴展事業規模等於遊走於失敗邊緣。直至父親過世，我才放開自己，把生意擴大。感覺上就好像是因為父親已經看不到結果，所以我擔心重蹈他覆轍的恐懼也減輕了。

此外，多年來我為保護自己免於事業成長造成的災難，所以設下三個我知道幾乎做不到的先決條件：一是新餐廳必須在其利基範圍內，做得像聯合廣場餐廳那麼好（我的想法是，聯合廣場餐廳的成功只是僥倖，我絕對不可能再這麼幸運了）；其二是新餐廳絕不可影響或減損聯合廣場餐廳的優異水準（新店開張有可能損及老店，或許是管理階層的心力和能力難以兼顧）；三是唯有確定與奧黛麗能有更多共處時間，我才會再開新店（這似乎不太可能，我已經每天工作多達十四小時）。

那時候我和奧黛麗已結婚，但膝下無子。奧黛麗成功地由舞台演員轉型為《美食家》雜誌的主要成員。由於我們是在餐飲界認識的，所以對於我的事業會對生活造成何種影響，兩人早已有心理準備。然而隨著聯合廣場餐廳一年比一年更出名，我發現自己愈來愈拚命，工時愈來愈長。我們想生小孩，尤其當各自都失去一位尊親之後，對孩子的渴望愈發強烈。我不斷思索，捫心自問：再擴大生意，增加壓力，對我和我的婚姻，甚至我的事業，是否為明智之舉？賢慧的奧黛麗則讓我自己做決定。

九〇年代初，我想了很多關於自己多麼熱愛餐飲的事。法國、義大利的米其林星級餐廳給我深刻的印象，特別是兩星級餐廳，它們似乎能夠同時做到食物精緻與待客真誠熱情。美國的烹飪品質不斷提升也令我刮目相看。我喜歡美國精緻餐館供應的菜色和美酒，然而對其待客的殷勤度和用餐環境，就比較不欣賞。

一九九二年夢醉安（Mondrian）餐廳結束營業時，我面臨兩難。《紐約時報》曾給夢醉安三顆星的評價，我也極欣賞主廚柯里奇歐（Tom Colicchio）。柯里奇歐問我，想不想與他合夥開一家新餐館？當時我沒有開新餐廳的想法，卻不知如何拒絕與這麼有天賦、有熱情的大廚合作？我知道他是不二人選，再加上奧黛麗的鼓勵，於是我們開始著手規畫新餐廳。

雙方同意要將所有我倆最愛的豪華餐飲元素，放在新的架構內呈現。我想到的是，法國和義大利鄉下那些我喜愛的館子，還有奧黛麗和我常去的、分別在賓州巴克斯郡一帶（Bucks County，奧黛麗在那裡長大）及新英格蘭地區的小酒館。沒有孩子之前，我們經常在週末前往緬因、佛蒙特、康乃迪克和賓州的古董店裡和拍賣場上尋寶，晚上就找家有點年代的小店吃晚餐，再到民宿住一晚。雖然老酒館供應的食物，不外乎覆盆子油醋什錦沙拉、櫻桃醬鴨肉、巧克力慕斯等，我卻總覺得裡頭的溫馨氣氛十分吸引人。於是，研究「小酒館」的概念，思考如何為它增添新意，逐漸成了固定的功課。

柯里奇歐和我從問問題開始：「誰規定享受豪華美食，一定要在裝潢保守、侍者穿著正經八百、氣氛死寂僵硬的地方？」「誰規定簡樸的小館不能成為享受絕佳現代美食的場所呢？」

聯合廣場餐廳已是人們心中的社區版優質餐廳，所以我想到，也許可以把格拉梅西小館做成社區版的雅緻餐廳。前者的目標是把不難享受到的餐飲元素做得更好；後者則希望把不易享用到的「高級飲食元素」變得不再高不可攀。有人以為，格拉梅西小館的氛圍必定單調沉悶，然而映入眼簾的卻是活潑暢快的情景，餐飲也屬上乘。這樣的情境可以立刻使客人放鬆心情，也更易於讓餐廳的表現超出顧客預期。

此次的合作對象是班特爾（Peter Bentel），和他才華洋溢又認真專注的建築師家族（就是興建奧黛麗和我的公寓那位包商，透過他意外巧合認識的）。班特爾家族以設計教堂和圖書館著稱，這將是他們首件餐廳作品。當我們走在人行道上四處尋找合適的房子時，唯一的條件就是盡可能離聯合廣場餐廳和果菜市場近一點。

有一天，柯里奇歐要我趕快去看紐約不動產仲介商介紹的地點。它位於東二十街上，原本是存放軍服的倉庫，屋主同時是產銷軍用勳章的廠商。龐大的店面共計六千平方呎，裡面放著一具超大型輸送帶吊掛機，是一般乾洗店用的那種。這裡距聯合廣場餐廳四條街，距果菜市場三條街。果菜市場現在已有更多農民加入，每週營業四天。聯合廣場附近正逐漸形成**餐廳聚落**，所以現在是行動的好時機。這裡地點完美，價錢合理，屋主同意給我們不可置信的好價錢，每平方呎租金只要二十美元。

有那麼大的空間，一切都可以從頭做起。我希望與班特爾建築師群合作，設計出彌補聯合廣場餐廳所有硬體缺失的新餐館。如果達成目標，衣帽間應有充裕空間容納所有顧客的外套；廚房也有足夠空間為大量顧客烹煮餐點；另外會有私人用餐房間與寬敞漂亮的洗手間；辦公室占地開闊，讓主管們的工作效率大增；冷藏酒的地窖可以容納七千五百瓶酒；用餐區沒有位置不好的桌位；酒保們在吧台後也有足夠的空間，不會經常撞到彼此。

我們最早與班特爾事務所商量時，即決定餐廳內要用真正的古董，不用複製品。不放古董的地方，則請工匠仿效古物，如最早的酒館燭台和水晶燈。我告訴工匠們：「把你們的個性注入作品裡，不過要保持寫實。」這樣我們才能忠於原始的構想。

在古董專家朋友們的協助下，我們從尋寶之旅中找到一些很棒的美國早期文物：鏡子、肖像畫、酒館標幟、拼布。在卡羅萊納州一座十八世紀的磚窯裡，我們發現手工切割的磚塊，以及一個放派的櫃子；康乃迪克州某家雜貨店的櫃台，後來被放在廚房與用餐區中間；麻州一位老師的書桌被我們當成侍者領班台……。這些東西很難找，價格也很貴；格拉梅西小館的設計加裝潢費總共超過三百萬美元，是聯合廣場餐廳開辦費的四倍多。不過所花的每分錢，都能豐富「小酒館」這個名稱的意義和價值。

最早建議我以格拉梅西小館為名的是，作家兼電視製作人卡明斯基（Peter Kaminsky），他固定在聯合廣場餐廳的吧台吃午餐。那時他正在為《紐約客》（*The New Yorker*）雜誌寫一篇關於餐廳開設過程的文章。

柯里奇歐和我都有各自想要證明的東西。他在夢醉安餐廳的料理受到了廣泛的好評，包括《紐約時報》的三星讚譽，他決心向世界表明，餐廳的失敗是由於九〇年代初經濟不景氣，而不是有瑕疵的菜單和管理不善所造成。而我需要拚命向自己證明，聯合廣場餐廳並不是「曇花一現」的僥倖。

自開設聯合廣場餐廳至今，九年來紐約發生了許多變化。柯林頓總統的「新經濟」已經起飛，犯罪率開始下降，像聯合廣場餐廳這類「休閒優質」餐廳也逐漸趨於飽和。格拉梅西小館一開張就生意興隆，媒體對它特別青睞，訂位需求之大令我們根本應付不來。顧客的高度期待，也是我們難以企及的。好消息是每晚訂位都客滿；難過的是，許多顧客也毫無保留地對我們說，我們距偉大的餐館還很遠。

一九九四至九五年間，我覺得自己是個可憐的失敗者。聯合廣場餐廳似乎每下愈況（它在《薩加調查》最受歡迎的餐廳排行榜上，由第二落到第三），格拉梅西小館好像更差。失望的客人紛紛來信抱怨，或者打電話來抗議，令我苦惱不已，其中有不少人自稱是常客。我整天疲於奔命，留給自己和家人的時間不增反減，此時我們已經有了一歲大的女兒海莉（Hallie）。奧黛麗從一開始就很喜歡格拉梅西小館，她無法完全了解我為何傷透腦筋。無論如何，我們美麗的小女兒，比兩家餐廳帶給我的苦惱重要太多。

儘管奧黛麗對我始終信心十足，可是我仍然擔心自己即將步上父親的後塵：擴張規模，然後破產。我是不是快搞砸了？我環顧四周，尋思該用什麼方法重新掌握兩家餐廳的方向和主控權。

一九九五年，經過激烈的內部辯論後，我與一位經營夥伴分道揚鑣。他極有才華，作風卻與我南轅北轍，經營方式也截然不同。他強調賺錢第一，令我覺得施展不開。我也明白，自己事必躬親的管理作風並非特別有效。我開始出現挫折感。格拉梅西小館的表現不如預期地好，我痛苦地了解到問題出在我的領導方式上。接著又禍不單行。一九九五年夏天某個夜晚，奧黛麗懷的雙胞胎才二十二週大，她卻開始陣痛。我們從嬰兒床上抱起兩歲的海莉，趕計程車到上城的醫院，儘管醫護人員拚命設法阻止分娩，奧黛麗還是生下兩個小嬰兒，一男一女，體重不超過一磅，八小時內都夭折了。

這個重大打擊嚴重地挑戰我倆的婚姻與人生；若非我們打定主意要用盡一切方法療傷，這次傷痛必然會使我們兩個人的生活支離破碎。我開始密集參加男性團體的集體治療，勇敢面對生命、死亡、堅忍、生存與愛的真諦，這使我和奧黛麗產生更強烈的急迫感，也對應該如何支配時間有了新的看法。

至此我滿懷鬥志，把重心放在格拉梅西小館上，決定不計一切代價求勝。對於要聘用哪種主管人才，我現在可以講得更確切。在說明對主管的期待方面，也應該表達地更清楚。於是，「有智慧的殷勤款待」這個概念就此誕生。

某次格拉梅西小館全體員工的會議上，在合夥人柯里奇歐百分之百的贊同與支持下，我舉出了我認為沒有商量餘地的經營原則：我最重視的莫過於我們之間如何彼此表達款待之意（誰規定顧客永遠是第一位？）然後我們的核心價值依序是，**把殷勤的款待帶給顧客**、**社區**、**供應商**，**最後是投資人**。我稱這套優先順序為「有智慧的殷勤款待」。從那一天起，我們所有的決定，都需以此為評價標準。我們會先以彼此，再以對顧客、社區、供應商和投資人的款待做得如何，來界定成敗。

員工紛紛表示支持這個理念，也變得更有自信。格拉梅西小館有盈餘，最後也得到好的

我最重視的是團隊間如何彼此表達款待之意，誰規定顧客永遠是第一位！

評價。此時的《紐約時報》食評家露絲・雷克爾（Ruth Reichl）把我們升到「優等」級：三顆星。她寫道：「餐廳要經過一段時間才能上軌道，沒有一定的時間表，每家各有其步調。新開的餐廳可能需要一、兩年或更久，各方面才會齊步順利地運作。可是當那一刻終於來臨時，大家都會知道，一走進門，就感受得到整個室內充滿朝氣。」

接著，我在聯合廣場餐廳也召開了相同的會議。員工團結在他們能夠相信、遵循和支持的原則下。更重要的是，我學會相信自己的直覺，並且讓他人清楚了解我的直覺。過去，直覺只會在我身後留下漣漪，現在則可以轉化為刻意引起的波浪。我為自己的事業立下新規則，也終於準備大聲向外界宣告這些規則。

CHAPTER

6 勇往直前

企業若能明白為社區創造財富可以發揮多大威力，
那它創造財富的機率也會大增。
我還沒看過，前院被闢為花園的房子，價值會降低。
反倒是一旦某家的主人開闢了花園，鄰居很可能群起仿效。

當我在格拉梅西小館興建新設施，以避開聯合廣場餐廳所有的設計缺失時，羅曼諾主廚曾有些沮喪。雖然他也投資了格拉梅西小館，可是當他看到新餐廳的廚房裡有著一切他沒有的設備，不免又妒又羨。雖然我倆都不十分確定，他是否真的想參與新店的工作，不過至少應該看看有沒有這種可能性。至於我，在領導方面的成長，使我得以為聯合廣場餐廳和格拉梅西小館奠下更扎實的基礎，也讓我在思考進一步擴張時更有自信。

一九九五年，我打算再接再厲，聯合廣場公園一帶，已經沒有不錯或我負擔得起的地點，因此我決定到麥迪遜廣場公園（Madison Square Park）附近看看，那裡距離聯合廣場和格拉梅西小館很近，是塊破落髒亂的綠地，卻擁有極大的潛力。

我想也許可以試試讓傳統的小飯館或簡餐店改頭換面，於是我請羅曼諾和我一同前往巴黎做研究之旅，尋找靈感和新點子。結果，這趟研究之旅是樂中帶苦。第一天我們在兩家米其林三星級餐廳試吃，接下來的四十八小時內，我們又吃了另外六家典型的小飯館和簡餐店，看看這個領域還有沒有新鮮的想法。

我在紐約看中的地點，位於麥迪遜廣場公園西北角，地址是第五大道二二五號，美麗的老建築物「禮品大廈」（Gift Building）的底樓。由於店面相當小，要適當安排座位唯一可行的辦法，便是把底樓向外延伸，在人行道上加蓋封閉的空間或咖啡座。從這裡可以眺望麥迪遜廣場公園及熨斗大廈。這個公園在十九、二十世紀交替之際，曾是紐約精英的薈萃之地，至今仍是曼哈頓最重要的匯集點，連接第五大道、麥迪遜大道、百老匯和二十三街。我先後拜訪了三位紐約市官員，希望人行道加蓋能獲得許可。我向他們保證，如果餐廳開得成功，我們一定設法讓店門外破敗的公園區，重新恢復舊觀。

當時的公園景觀甚差，髒亂又不安全，與一九八五年左右的聯合廣場公園差不多，周邊幾乎沒有什麼商業活動。二十三街上雜亂地開著速食店、擦鞋鋪和小吃店；但麥迪遜大道連續三個街口，加上二十六街和第五大道，幾乎是一片荒蕪。我對於再開第三家餐廳愈來愈熱中，更期待能為麥迪遜廣場公園的重生出力。這是在崛起中的社區放手一搏的機會，租金也在可負擔的範圍內，大約只有當時聯合廣場四周或熨斗區同等地段的一半。

在這個可能再度成為壯觀公園的地點，開家遠望它的好餐廳，何樂而不為？我的確很想與羅曼諾合開一家法式餐廳，內心又有一個聲音敦促我去做新社區的開路先鋒。

一九九五年，我們開始與第五大道二二五號的日籍房東洽商。數月後，幾乎毫無進展。與此同時，有位不動產顧問聯絡我們，表示有人聘請她為麥迪遜大道十一號大都會人壽大廈（MetLife Building）的底樓，尋找全國知名的餐飲業者進駐。大都會人壽公司正在整修這棟歷史悠久的裝飾藝術建築物，準備使之變身為高級辦公大樓，也與幾家高水準的房客，如瑞士信貸第一波士頓銀行（Credit Suisse First Boston）及幾家大廣告公司簽訂租約。

直覺告訴我無論如何應該去看看。就算最後選擇在第五大道二二五號開餐廳，終究也會有競爭對手租下麥迪遜大道十一號，至少我們應當知道那個潛在的對手拿到什麼樣的交易條件。與地產商見面，不但可以取得潛在競爭對手的資訊，也可以做為第五大道談不成時的預備地點。

我的預感不久便證明是先見之明。我們得知了令交易破局的消息：聯合愛迪生電力公司

（Consolidated Edison）的一座巨型變壓器，正好位於第五大道二二五號人行道下方，所以不可能興建封閉式戶外咖啡座。其實，變壓器上方的巨大鐵柵欄清晰可見，然而我經驗不足又無知，所以一直視而不見，也沒想到該打聽看看，害我浪費了半年時間去說服市府官員。幸好這些時間不算完全白費；研究麥迪遜廣場公園以及推銷開餐廳對公園的好處，所花費的時間和功夫帶來豐富收穫。在過程中，我對這一帶產生了感情，認識重要的政府官員，也讓他們認識了我。我心意更加堅定，一定要在公園正對面開家餐廳，投資公園的未來。

我們立即開始與麥迪遜大道十一號的仲介商認真洽談。恢復公園舊觀的主要概念，是讓美麗和生氣重回社區，並讓社區居民有理由利用公園。這個概念反映了我的一項經營理念：**投資你所在的社區，因為上漲的潮水可以浮起所有船隻**。

一九九六年中，我首次與大都會人壽的高階主管開會討論租約。我們有各種關於財務與房地的條件要談，不過我先把個人的大方向跟未來的房東說清楚。我在會議上說：「在討論租約的細節前，我一定要先確定，你們願意與我合作一同重建麥迪遜廣場公園，使它回到往日最風光的面貌。」

大都會人壽的高階主管普瑞薩諾（Dom Prezzano）答道：「我想你恐怕不知道，過去有多少人嘗試過這麼做，而且努力了多久；如果你有力氣帶頭，我們可以提供財力支援。」

紐約市的社會精英和集中的資金，很久以前便聚集在這個公園四周。創造了早期具代表性的摩天大樓，如麥迪遜廣場花園（一八九〇）、熨斗大廈（一九〇三）和大都會人壽鐘塔（MetLife clock tower，一九〇六）。自從三〇年代經濟大恐慌以後，麥迪遜廣場花園即開始走下坡。

在奧黛麗督促了好幾個月後，我終於讀了暢銷歷史懸疑小說《沉默的天使》（*The Alienist*）。克萊・卡爾（Caleb Carr）筆下的麥迪遜廣場花園周圍當年風光一時，令我頗為著迷。同樣吸引我注意的是，卡爾寫到世紀交替時，紐約著名的餐廳老闆德孟尼克（Charlie Delmonic）。此人總是不斷在被他看好將成為紐約精華區的地段，開設一家又一家的餐廳。一八七六年，他在第五大道與二十六街交會的街口，開了一家德孟尼克餐廳，這給了我靈感，讓我也想在這裡試試。

七〇年代起，地方商業領袖對紐約市府承諾重建公園，卻屢屢食言感到失望。好像總是市府有心，預算卻難逃被刪減命運。當我開始問大家有關重整公園的問題時，商界和政界大多數人的反應不是表示懷疑，就是冷嘲熱諷一番。

麥迪遜大道十一號可以被整理得很像樣，但是其間有不少財務和建築障礙。我們與大都會人壽談了將近一年，才把障礙去除。這棟大樓被指定為地標性建築物，所以我們必須遵守國家史蹟登錄局（National Register of Historic Places）的規定，維護和修復現存的、具歷史價值的設計元素。這是項龐大且燒錢的工程，需要復原天花板上剝離或缺損的裝飾板條，並且修復三十五呎長的裝飾藝術螢光照明設備，儘管我們絕對用不到它。我們甚至還得設計照明裝置，環繞但非取代這裡原本的吊燈和燭臺，才算符合史蹟保存的規定。

這些工程至少比一般蓋餐廳的成本多出三成，多了這些支出，將延後股東投資可能獲得的回收。而且要讓這家餐廳開得成，需要比一般有限的股東人數多出許多。更棘手的挑戰是：大都會人壽大樓的一樓被一道牆劃分為二。保護古蹟建築的規定禁止我們拆牆，因此勢必得在被牆隔開的兩邊，各開一家餐館。

有人開始告誡我，在同時間、同地點開設兩家餐館是頭腦有問題。我自己則充分體認到，需要更多人投資，更多人一起合作經營。單憑個人財力，我負擔不了在此蓋兩間大餐廳；也沒有那麼大的聰明才智，可以不靠左右手幫忙獨立作戰。

我開始認真思考，到哪裡去找財力支援。同時，我又找來兩位新同事協助經營管理：一是從芝加哥萵苣美食餐廳集團（Lettuce Entertain You Enterprises）來的史威漢默（David Swinghamer）；一是從舊金山來的柯雷恩（Richard Coraine），他曾與名廚帕克合作多年，後來自己開霍桑巷（Hawthorne Lane）餐館。

看著這兩個相連的空間，我突然想到，有三十呎高的窗戶對著公園，面積比較大的長方型那間，正好適合開人聲雜沓、來去匆匆的法式簡餐店。這家餐館是我與羅曼諾在巴黎商量多次的結果。簡餐店的標準菜色：牡蠣、蝸牛、豬腳、洋蔥湯，以及牛排加炸薯條；輕鬆活潑的服務方式沒有什麼特別講究之處，在這類地方吃飯只為愉快有趣。可是我自問：「是誰規定，只因為在這裡吃飯以趣味為主，就不能供應精緻的食物和多樣選擇的法國葡萄美酒？」我又問：「是誰規定，簡餐店一定要有洋蔥湯和黑胡椒牛排？」

該如何做，才能把簡餐店的快活氣氛和法式風味美食與紐約的都會觀點相結合，形成意想不到的組合？我不確定答案是什麼；可是不論如何，這家餐廳開定了。

> **該如何做，**
> **才能形成意想不到的組合？**

不過在我們從巴黎回來近一年後，羅曼諾卻改口說他不想開新餐廳，只想全心全意照顧聯合廣場餐廳。所以，我們一起為即將開幕的餐廳請來顧德（Brian Goode）當主廚。過去他在聯合廣場餐廳當過二廚，很有才華，不久前還在戲院區的新俄式餐廳「火鳥」（Firebird）擔任執行主廚。我們派顧德去巴黎一個月，給他一長串必須造訪的餐廳名單，還有充裕的法郎支付食宿費用。

我向老友查德登提到這家新店。他雖然懂法文，卻對我說：「名稱不要用法文。美國人已經厭倦法式餐廳，還是取英文名稱。」

我說：「那叫麥迪遜廣場咖啡屋怎麼樣？」我想起十多年前與家父的某次交談。

「你應該想得出更好的名字，多一點創意嘛。」
「那麥迪遜公園咖啡屋？」
「不要。叫十一號麥迪遜公園。就叫這個。」
當顧德從巴黎回來後沒多久，正專心規畫廚房的各項安排以及餐廳的興建工程時，他忽然想到，這家店的成本愈來愈高，不知道賭上個人前途保不保險。他看不出這家餐廳將來怎麼還得清欠債、為投資人賺錢，心中不免焦慮。當工程出現延誤，他變得日益欠缺耐心，也愈來愈緊張。
就在十一號麥迪遜公園開幕前六週，我們拆夥。我立刻向合夥人請教，柯里奇歐推薦赫佛南給我。赫佛南多年前在夢醉安餐廳做過二廚，後來升到執行主廚，資歷完整。柯里奇歐告訴我，赫佛南是他合作過最優秀的廚師，我也知道他們是甩竿釣的同好。我對赫佛南的背景滿意極了，他也願意加入我們。兩次面談後我便決定用他，連試吃都免了。
至於史蹟牆的另一面，我尚未想出在較小的那間做什麼。有一天，我在羅曼諾的辦公室閒聊，問他有沒有什麼想法。他聳聳肩，摸了摸左側的鬢角，繼續看他正在仔細瀏覽的烹飪書。我說：「不論開什麼，我一定要使它成為利基市場內的佼佼者。」我開始翻閱一九九七年的《薩加調查》，研究分類評比部分。翻到「印度」這一類時，我看見當時評分最高的印度餐廳叫作「Dawat」，以三十分為滿分，其菜色方面的得分是二十四分。這引起我的注意。我說：「自從你到聯合廣場餐廳後，那裡的菜色得分沒有低於二十六分過，有幾年你還得了二十七分。」

羅曼諾認真地聽我說。他對許多印度的東西著迷；曾在印度鑽研香料，同時修習瑜伽、冥想和印度靈修，還交過印度女友。他在聯合廣場餐廳用印度香料入菜，結合法、義烹飪技法及果菜市場的食材，也已經有好幾年。一九九六年，有近四分之一的菜餚是加入印度香料烹煮的。

我對羅曼諾說：「坦白講，我寧可把那些香料拿到新餐廳去用。它們的味道都很不錯，可惜跟我們酒窖裡大部分的酒都不合。不如拿你這些很受歡迎的印度菜為基礎，開家全新的餐館。我們來做一種新形態的印度餐廳怎麼樣？」他放下書，直視著我，笑得很開懷。

時間就在那前後，我剛好帶四歲的女兒海莉到大都會美術館（Metropolitan Museum of Art）聽兒童音樂會。古典單簧管演奏家史托茲曼（Richard Stoltzman）先演奏幾首《彼得與狼》（*Peter and the Wolf*）的知名片段，藉此教導小朋友單簧管如何吹奏和發聲。然後他說：「現在我要示範，單簧管跟別的樂器一起演奏，會發出什麼聲音。」幾分鐘後幕拉起，有位年輕音樂家坐在舞台地板上，四周排滿十二個手鼓。他說這些塔布拉鼓（tablas），是印度傳統音樂的主要打擊樂器。他向觀眾展示，每個鼓各有不同的音調和音色。接著史托茲曼走了出來，兩人合奏表演爵士單簧管與印度鼓。

當下我靈機一動，台上兩位在音樂上的合作，不正是我為餐廳設想的烹飪模式嗎？我打算在美式元素中添加印度風味，所以決定將餐廳命名為塔布拉。

某日，歐塔希（Nick Oltarsh）無意間聽到我與羅曼諾的談話，便約好時間到辦公室來見我。歐塔希說：「你們在談論的餐廳，我知道有個人是大廚的最佳人選。他叫卡多茲，我們一起工作過。」他曉得羅曼諾從未打算放棄聯合廣場餐廳，到塔布拉當每日值班主廚。「我成天聽卡多茲說，總有一天他會向全世界證明，印度人也能當一流廚師。你和羅曼諾所談的正是他的夢想。」

我們得知卡多茲是孟買人，學會祖母所有的拿手菜，又到瑞士學正統法國廚藝，背景實在完美得令人難以置信。我們和卡多茲碰面，他肯定表示很想獨當一面；他的夢想與我們對塔布拉的期待完全吻合。經過精采的試吃，他為我們做了十五道菜，讓在座的每個人都很開心。我們聘他為執行主廚，後來讓他成為塔布拉合夥人。

從確立基本概念那一刻起，我對塔布拉的願景就更為明確。我自問：「誰規定喜歡印度調味料和印度麵包，就只能在純粹傳統印度餐廳吃得到？」我要以卡多茲對故鄉美食終身不渝的情感，帶給塔布拉顧客獨到的美式用餐經驗。根據卡多茲的建議，我請班特爾建築師群在廚房裡設計一個有點像是實驗室的「調味間」，可以拿一塊魚或肉，在裡面實驗各種新口味的組合。我們齊心協力，**想出把美式款待、法式烹調技巧，以及專家級印度調味料，和諧地融合在一起**。一九九八年十二月，塔布拉餐廳開幕後不久，便贏得《紐約時報》三顆星的評價，報導寫道：「這是透過印度香料萬花筒所呈現出來的美國菜。其口感強烈前所未有、出人意表，不禁讓人心生激昂的情緒。」

隔壁的十一號麥迪遜公園餐廳，開張後生意還可以。大家都知道，再過四週，一家突破窠臼的餐廳「塔布拉」即將登場，所以很多人認為，比較正統的十一號麥迪遜公園是主戲上場前的熱身秀。它必須靠建築設計優美、待客周到、廚房陣容堅強取勝，在概念上沒有什麼突破之處。

早期那段日子，十一號麥迪遜公園的午餐生意，比我們原本的樂觀預期落後許多。我們不把它解釋為從零開始建立新事業自然會遭遇的挑戰，卻說服自己相信是因為顧客無暇離開辦公桌出來午餐。所以我們採取的解決辦法，是把設計精美的餐盒送到他們的辦公室去。我們特別以瑞士信貸第一波士頓銀行為目標，其世界總部就在麥迪遜大道十一號樓上。我們提供三選一的精緻三明治，搭配自家洋芋片、一瓶水、一片手工餅乾。

我們犯下一個基本錯誤：**在新創品牌的核心部分尚未站穩腳步前，就企圖將它延伸**。問題不在於顧客被工作纏身、無法出外用餐；而是他們不清楚十一號麥迪遜公園代表的是什麼樣的用餐經驗。它是簡餐店還是豪華餐廳？價格實惠還是適於有特殊場合再去？賣的是法國菜嗎？是吃三明治、洋芋片和餅乾西點的地方嗎？除非我們先想好這些問題的答案，否則潛在顧客難免會感到困惑而遲遲不上門。

產品上市前，弄清楚自己賣的是什麼、對象是誰。很少有企業可以（或應該）滿足所有顧客的需求，合理地縮小產品範圍，努力成為這個焦點範圍內的佼佼者，有助於企業力爭上游，也有助於讓顧客知道該在何時、用何種方式購買你的產品。

另外，我們事前的功課也未做好：這家銀行本來就有公司補貼的一流員工餐廳，包給外面的業者經營；而製作午餐盒使主廚和管理團隊變得不務正業。我們很快就放棄賣餐盒的生意，最後留下三千個未用的盒子。這次經驗是品牌延伸不當、優先要務方向錯誤，以及對核心產品不夠專注的重要實例。幸好我們及時回歸基本面努力，使午餐生意在半年內倍增。我們請到一位極稱職的領班，他是認人的高手，同時擬出選擇夠多的簡餐菜單，以鼓勵顧客常來。我們了解，大家都趕時間吃午餐，所以也在速度上改進。

> 產品上市前，
> 弄清楚自己賣的是什麼、對象是誰。

「混血」餐廳的構思過程極具挑戰性，實際完成後，剛開始可能會令員工和顧客感到困惑。我已學會處之泰然，即便需要多光顧幾次才辦得到，但我相信我們有能力吸引一群顧客，讓他們想要發掘我們，並積極關心我們的發展。

開了塔布拉和十一號麥迪遜公園後，兩年內我不曾考慮投資任何新餐廳。我的盤子已經滿了，還溢出來。當表兄詹姆士·波斯基（James Polsky）問我有沒有興趣與他一同經營餐廳「二十七號標準」（27 Standard），以及前衛的地下爵士俱樂部「爵士標準」，我不得不拒絕。詹姆士對爵士如數家珍，開這家俱樂部是他畢生的夢想。俱樂部頗受讚譽，也有一群固定客人，可是樓上的餐廳雖獲《紐約時報》兩顆星的好評，卻出現虧損。曾有高姿態的餐廳老闆提議買斷他那兩層樓開放空間的租約，詹姆士考慮過但婉拒了。他擔心新主人會立刻把那寶貴的爵士俱樂部，改成私人宴會場地。

儘管我的工作量尚未到頂，但已自知不適合再接下另一家餐廳。然而，各種構想不斷浮現，其中之一是考慮開設網路公司，專為烤肉愛好者而設的網站，名為cue.com（或Q.com）。網友可以登入，螢光幕上出現動畫版美國地圖，點一下地圖上某個點，就會出現當地傳統烤肉形式的資訊，還有一、兩家值得一嘗的烤肉店；透過網上訂購，次日烤肉便送到府上。我的概念是「獨家發掘」好吃的烤肉，予以推廣，然後大賣。現在回想起來，cue.com 必定會像當年大多數網路公司一樣很難成功，幸好我連一塊錢都不曾投入其中。

與此同時，我接受了洛可・藍迪斯曼（Rocco Landesman）的邀約，他在百老匯是重要高階主管，又是聖路易同鄉和朋友。他可能知道、也可能不知道，我一生最愛烤肉，不過他發現了蛛絲馬跡。洛可說：「我們認識一個很棒的烤肉師傅，是伊利諾州南部人。他叫米爾斯（Mike Mills）。哪天來吃個晚飯，嘗嘗他的肋排怎麼樣？」

我問他：「你不是想要開家烤肉餐廳吧？我發誓不再開新餐廳的。」我的內心在吶喊：小心了！

他答道：「我們就選一個晚上，電視轉播紅雀隊比賽時，弄些啤酒，再請米爾斯送些烤肉來。我還想讓你認識幾個人，他們是真的很想把他的烤肉引進紐約。即使你不能做，也該見見這些人，也許你可以介紹他們認識能做的餐館老闆。」這激起我的競爭意念。即使那時我已擁有四家餐廳，也明知最不該做的事就是再開第五家，但是這個邀約很難叫人拒絕。這些人都是朋友，又有聖路易紅雀隊，更何況我對烤肉沒有招架之力；這個構想實在很吸引我。

重點不在於你知道什麼，而在於你會聽誰的意見。有時候，非常非常偶爾，別人向我提出的想法或邀約，我相當清楚自己九九・九%不感興趣。可是直覺告訴我，還是值得研究一下，看看真的去做會有什麼結果。我願意對新點子敞開胸懷，特別是由我信任的好人所提出的。當自己認識與信任的人提出建言時，我會更注意自己的本能和直覺有什麼反應。

我未抱著什麼特別的期待參加那次肋排試吃，只想見識一下鮮美的烤肉，看紅雀隊贏一場球賽。

那些邊緣呈粉紅色、乾抹香料烤出來的肋排實在太好吃了，多汁且一撕即下的煙燻豬肉也毫不遜色。烤豆共有四種豆子，我吃得不亦樂乎。而這些東西是經過冷凍、運送、化冰、再加熱的。若是新鮮的該有多好？我忽然開始問自己一些基本問題，比如：像紐約這種城市，各式各樣的餐廳都很多，有不少還是首屈一指的，可是好的烤肉為什麼就沒有那麼多？我說服自己的理由是，因為真正的火爐烤肉煙塵太大，有環保上的限制。可是如果能夠克服這層障礙，那又如何？

當時紐約生意最好的烤肉餐廳，是離時代廣場不遠的維吉爾正宗烤肉（Virgil's Real BBQ），我知道他們多年來一直在使用某種吸煙裝置。我也記得皇后區口味道地的皮爾森餐廳（Pearson's），原本開在長島市（Long Island City），後來因為鄰居抗議煙塵太大，不得不把烤爐遷至一家吵雜擁擠的運動酒吧後面。不過曼哈頓仍缺少道地的烤肉餐廳，而米爾斯顯然是烤肉大師。

經過連開十一號麥迪遜公園和塔布拉的挑戰後，這一次做「合營店」或許會容易一些。我開始慢慢但肯定地說服自己進行這個計畫。我先到伊利諾州墨非鎮（Murphysboro）拜訪米爾斯，再到他另兩家餐廳的所在地拉斯維加斯去看他，幾次訪談使我信心增加。在合夥人的參與下，經過長談和多次熱烈討論，我對這個人做出評價：他在燒烤方面的天分無庸置疑，而我倆之間的信任感也在增強中。某天我靈機一動，想到烤肉店最適合開在表哥「二十七號標準」餐廳的所在地，而爵士俱樂部則是享用美味烤肉的理想環境。從堪薩斯市開始，烤肉和爵士早就是手牽手的夥伴，何不在紐約也如法炮製？

合夥人一一認可我的構想；在他們一致支持下，我們和表哥詹姆士談妥租約。他仍以店東身分留下，協助維持爵士標準俱樂部出色的音樂水準，我們則開設藍煙餐廳，並負責餐廳和俱樂部的營運。

首度見識專業烤肉師傅及烤肉迷的世界，令我大開眼界。烤肉愛好者跟美式足球超級杯球迷或印地五百大賽車（Indy 500）的車迷一樣，為了參與重要賽事，不惜長途跋涉。在兩年密集的研究期間，藍煙小組的成員們集體行走六萬哩：穿越密蘇里、田納西、密西西比、南北卡羅萊納州、紐約州北部、德州、伊利諾州南部、芝加哥市南區、波士頓市及加州奧克蘭市（Oakland），去研究和了解各地烤肉的差異。

我還參加了二〇〇一年的孟菲斯五月（Memphis in May）大賽：「豬料理超級杯」（Super

Bowl of Swine），擔任肋排類的評審。米爾斯魅力十足的熱情感染了我，當我問他要怎麼做，才能使端上桌的烤肉達到他三度贏得孟菲斯五月大賽冠軍那種水準，他答道：「你必須找出恰到好處的時間，用合宜的方法，把肉從烤爐中取出來。就在肉烤得軟爛之際，即燻過六、七小時後，再用醬汁塗抹。若時間算得準確，就會看見一縷藍煙自肋排升起。」一縷藍煙，我們的新餐廳便是由此命名的。我們邀米爾斯擔任烤肉總顧問（我稱他為烤肉教主），以給他乾股做為酬勞，並請他把不只是從巡迴賽中，也包含經營兩家餐廳所學得的經驗傾囊相授，教給我們及主廚。

我們選肯尼．卡拉漢（Kenny Callaghan）擔任藍煙的烤肉師傅及執行主廚，他在聯合廣場餐廳當了八年的二廚，工作十分賣力。卡拉漢的烹飪背景跟烤肉沒什麼關聯，不過他對烹飪一絲不苟的作風，確實是藍煙餐廳的不二人選。最出色的烤肉師傅，都得有一再重複同樣工作卻樂此不疲的精神，每天還不忘對昨日的工作做細微改進。烤肉需要創意的程度，不及需要毅力和執行那麼多。卡拉漢不隨隨便便的個性、直來直往的烹飪風格，以及不斷追求改進的做法，使他成為上上人選。

我們又選擇聯合廣場餐廳另一位資深員工梅納帕里西（Mark Maynard-Parisi）出任藍煙的開幕總經理。我一向極為重視**從內部培養領導人才**，一來是基於團隊士氣考量，再來是確保新餐廳剛起步時，盡可能保有原本的特質。讓這些付出努力使我們經營有成的員工，肩負開展新店的責任，給他們發展機會也是我們擴張的初衷。

米爾斯給予卡拉漢（我們的新烹飪天王）正宗烤肉技巧的密集實作訓練，除了在他的餐廳烤爐旁上課，並安排他們參加伊利諾州著名的「蘋果城」（Apple City）烤肉賽。

把所有的元素都備齊做對，是個挑戰很大的學習過程：挑選品質最優的肉販；找到好的山胡桃木與蘋果木供應來源；替正統烤肉的配菜設計和改進食譜，像是玉米麵包、涼拌包心菜、烤豆、羽衣甘藍、起司通心粉。另外也有負面教訓要學：在人口稠密、大廈林立的城市，烤肉時上升的煙可能飄進他人的臥房或辦公室。如果通風系統有問題，引起怨聲載道，那不管我們花了多少錢蓋餐廳，都有可能被勒令歇業。要在這種城市推出烤肉，實在叫人心裡七上八下。

米爾斯習慣用「Ole Hickory」牌傳統燻烤爐及標準矮煙囪來烤肉。這是他教我們使用的設備，新餐廳買的也正是這種設備。但是為了獲得安裝烤爐的許可，我們的燻烤爐必須銜接沿那棟辦公大樓後牆而上的煙囪，共有十五層樓那麼高。

我們花了近八個月時間，仍無法解決肉烤得太乾和沒有煙燻的問題。後來終於明白，那摩天樓般的煙囪會產生強大的上升氣流，就如同在烤肉上方擺了一具強力吹風機，讓肉無法緩緩地浸在煙霧中數小時。起先我們嘗試用低科技解決法，使肉保持溼潤，比方燻烤過程中，在燻烤爐裡放一大碗水。結果肉確實比較溼潤，可是煙燻度依然不夠。最後我們決定替煙囪動手術，在相當於多數煙囪的高度之處，裝進一具阻絕器，這下總算是真正合用的煙囪了。不久，店裡烤出來的肋排首次讓我展露笑容。

或許因為「只是合營店」，所以藍煙在某些方面是最難設計的餐廳。美國各地有很多受人喜愛的小烤肉店，都不是開在大馬路旁。大家喜歡光顧這種店，有部分是為了可以遠離都市到鄉下去，或是可以探訪市內較偏僻之處，尋訪世外桃源的燻豬肉。因為要花精神四處尋訪，店家所在的地點又很特別，所以烤肉好像吃起來更美味了。這也是棒球場的熱狗比較好吃，托斯卡尼的酒特別好喝的原因。**情境決定一切**。

曼哈頓東二十區的公園大道（Park Avenue）絕不是所謂的僻靜小道。我們再次請班特爾建築師群出馬，找出牢靠的解決辦法。設計時應考慮的問題很基本，也很要緊。舉例來說，怎樣融合傳統烤肉元素與曼哈頓餐廳的精髓？我們早已決定排除一些老套的擺設，像是保齡球賽獎杯、壘球比賽照片，或者微笑小豬的漫畫。無法不這麼做，因為典型的陳設有助於讓顧客了解這家餐廳的訴求究竟是什麼，一般人上館子會希望進到不一樣的情境中。

最後我們決定，店裡需要有烤肉餐廳常見的棚子，也許是一張野餐桌，像德州山區盛行的那種；也許是檯面，邊上裝著不舒服的硬板凳，常見於北卡羅萊納州的烤肉店。我們需要感覺與紐約相襯的烤肉棚，並選用舒適的皮墊做為椅墊，找到細緻的薄板來做桌面。

烤肉店必備的菜單黑板也不可少，我們把它掛在酒吧牆上，並用紅白雙色塑膠字做標示。我們並未刻意用可口可樂贊助的標記，或故意拼錯菜單上豬肉三明治及肋條的菜名，以示足夠道地。店裡不能有絲毫主題公園的意味。倒是納入一項如假包換的紐約元素：令人目不暇給、種類繁多的酒單。精釀啤酒、波本酒、正宗雞尾酒和以杯計的世界級葡萄酒，全非一般吃烤肉時搭配的飲料。

考慮周到的設計和充滿愛心的烹調，對賦予餐廳靈魂和獨特性有很大的作用。**內部設計必須與所在的大樓、附近的景觀和整個都市保持協調**，一旦走主題公園式的路線，便失去特色。我們打定主意，要讓藍煙成為有獨特身分的餐廳。

偉大的費雪（Mary Frances Kennedy Fisher，編按：飲食文學作家）在回憶錄《我的老饕生涯》（*The Gastronomical Me*）中寫道：「我覺得人類對食物、安全和愛的三種基本需求，彷彿完全混合糾纏在一起，無法清楚地分割。所以當我寫到渴求時，其實往往是在談愛及對愛的渴求，談溫暖和對溫暖的愛戀……然後是渴求獲得滿足後的溫暖感、富足感和美好現實狀況……這一切都是一體的。」這段文字一直讓我深受感動，部分原因是它準確地說明了長期管家瑪麗（Mary Francis Smith）教我的東西。雖然我的「美食學」受家庭極大的影響，但在我年輕的生活中，沒有人比她更純粹地表達食物是愛的感覺。

在聖路易成長的經驗，給了我開另一家店的靈感——Shake Shack——二〇〇四年為麥迪遜廣場公園開設的漢堡、熱狗及奶凍攤。凡是一九五〇、六〇年代在汽車文化中長大的美國人，都有在賣這類食物的攤子或小屋聚首的經驗。

在我記憶裡，十幾歲時每逢週末晚上，十之八九會到這種飲食攤報到。大學時代和畢業後，有兩年暑假住在芝加哥，我常忍不住去吃有九種傳統配料、放在罌粟籽麵包上一起吃的「芝加哥熱狗」。我開始懷念小時候常去的免下車速食店、汽車飯館及漢堡奶昔攤；而當今盛行的速食，包括窗明几淨的用餐環境或工廠生產線做出來的食物，我認為完全無法取代傳統。我們採取投資新餐館的一貫作風，在設計 Shake Shack 時，同樣是將傳統的最佳元素置入現有的情境，但保持本色不變，再盡量做到優異。

就單一元素而言，Shake Shack 並無特殊創新之處，因此成敗關鍵仍然在於**如何融合所有元素，創造與眾不同的感覺**。

Shake Shack 起先其實只是一輛寒酸的熱狗車。二〇〇一年夏天，剛成立的「催生新麥迪遜公園運動」（Campaign for a New Madison Square Park）組織，說服目標（Target）連鎖百貨贊助為公園舉辦的一系列集體藝術展，策展單位是公共藝術基金（Public Art Fund），並與紐約市文化局合作。泰國雕塑家若望恰庫（Navin Rawanchaikul）為這次展覽創作了五顏六色的作品「我愛計程車」（I ♥ Taxi），是許多放在高柱上的卡通式計程車雕像。這位藝術家還配合他的作品，設計了實際可用的熱狗餐車，因為他相信世上最民主的兩樣東西就是計程車和熱狗。在他看來，地球上的每個人都搭過或開過計程車，也吃過熱狗。

「我愛計程車」這件作品放置於公園南端，離十一號麥迪遜公園餐廳不遠，所以有人來徵詢時，我們便自告奮勇經營那台熱狗餐車，以賦予整件作品生命。我們自問的第一個問題，就是**能否為熱狗餐車注入新意**。

這個案子雖小（表面上似乎如此），我卻相當認真看待。我很想藉此機會測試有智慧的款待這個理念。我問自己：「誰規定不能對熱狗餐車這樣普通的東西，強調優異和款待的不一樣作風？熱狗餐車能否變成不止是熱狗餐車？」

Shake Shack 並無特殊創新，
成敗關鍵在如何融合元素，創造與眾不同。

我與經營團隊決定推出芝加哥式熱狗（購自芝加哥的熱狗與大蒜、香菜、月桂葉在水裡同煮）。做好的熱狗，搭配罌粟籽麵包（專程從芝加哥運來），再加上不可少的配料：香芹鹽（celery salt）、洋蔥、青椒、番茄、芥茉、酸泡菜、醃辣椒、小黃瓜、開味小菜。菜單上賣的東西有限，不過我們還供應袋裝自製甜菜洋芋片、現壓馬鞭草檸檬汁、巧克力松露餅乾和冰紅茶。我們把十一號麥迪遜公園的冬季衣帽間人員派到熱狗餐車工作，使他們夏天也能就業。赫佛南擔任總管主廚，餐車經營則交給十一號麥迪遜公園的一位主管，當做以低風險方式練習經營小企業。點心師傅卡普蘭（Nicole Kaplan）除了製作讓人一吃上癮的巧克力餅乾，還提供米麥片做的精緻點心。

結果這個攤子確實有風險，二〇〇一年九月初，我們虧損近五千美元。雖然顧客需求暢旺，餐車前總是大排長龍，但為了符合我對優異與款待的要求，雇用太多人，運作方式也非常沒有效率。

二〇〇二年，附近居民大聲疾呼要我們回去，我們也從善如流。這一次，我們在運作和生產方面學聰明了一點，收支幾乎打平。二〇〇三年才是跨越獲利點的一年，每天早上十一點半開始，最高有多達七十人排隊買芝加哥熱狗，簡直忙不過來。餐車後需要三張桌子，才夠員工放熱狗和各式各樣的作料。之後一整天，補給品源源不絕從十一號麥迪遜公園的廚房送來，有些日子離打烊時間還早，熱狗卻已經賣完。

沒多久，《新聞週刊》（*Newsweek*）、《新聞日報》（*Newsday*）、《柯瑞恩紐約商業》（*Crain's New York Business*）雜誌、有線電視新聞網（CNN），以及三大無線電視網：國家廣播公司、哥倫比亞廣播公司（CBS）、美國廣播公司（ABC）的全國夜間新聞節目，全都報導了我們那小小的餐車。威契爾（Alex Witchel）為《紐約時報》撰寫的報導，使排隊的隊伍拉得更長，因為她說我們的餐車「等同於熱狗愛好者的精緻餐廳」。餐廳評論家格林姆斯（William Grimes）和艾斯莫夫（Eric Asimov）也寫了評論，對我們的產品各有偏好之處。

我們盡可能做到最高的款待水準。由於沒有訂位單，工作人員無從知曉顧客的姓名，所以我們把重點放在靠臉來辨認重複光顧的客人，並記住他們常點的東西。九種配料當中，人人都有個別的喜好。我們相信，由熱狗攤的暑期工讀生來滿足客人希望被認出來的需求，不會比三星級餐廳接待員認得出客人更難。我們鼓勵年輕活潑的員工別怕「略施小惠」和寫下「款待傳奇故事」：給排隊的顧客免費試吃或加送餅乾；看到常客坐在公園椅子上，就做好他通常會點的東西，等他準備過來排隊時主動遞給他。

儘管一個熱狗才兩塊五毛美元，但這些客人的滿意度和忠誠度，重要性不亞於格拉梅西小館和塔布拉的老顧客。

應用有智慧的款待理念，為我們帶來可觀的成果。員工樂在工作；客人吃我們的熱狗上癮；公園人氣熱絡；芝加哥的熱狗原料公司，對意外在紐約做到生意倍感驚喜；到那年夏天結束時，我們捐出七千五百美元給新成立的麥迪遜廣場公園保育組織（Madison Square Park Conservancy）。

當時紐約市公園暨休閒娛樂管理處（Department of Parks and Recreation），正徵求在麥迪遜廣場設置和經營永久性速食店的提案。我們對此很有興趣，決定擴大熱狗餐車，實現開設免下車速食店和為公園謀公益的夢想。我們與麥迪遜廣場公園保育組織連袂提出經營企劃案，雙方有一個默契：速食店將用慈善募款募得的經費來興建（這樣安排會使經營權歸我們，保育組織和市政府則是房東），我們支付營業額的一定比例給保育組織和公園管理處做為房租。

在構思新速食店時，我們考慮到很多食物以外的因素；一般人外出用餐不只是為了吃，也會為社群經驗而選擇餐廳。星巴克（Starbucks）就運用喝好咖啡（和排隊買好咖啡）的概念，設法營造出與其他同好一起享用咖啡的經驗，這才是真正的賣點。星巴克也懂得把其藍圖複製於成千上萬的地點，同時傳達出每家分店自成一個社群的感覺。能夠領會賣優質咖啡不如創造社群感來得重要，這是極高明的創業理念。咖啡固然有其銷路（也易於喝成習慣），但是與一群自己選定的同好共飲，使之成為每日例行的老規矩，也是一種賣點。

企業若不了解促進社群形成是它存在的理由，注定不會有好表現。

對於如何為麥迪遜廣場公園保育組織的使命出力，我的想法主要受到過去經驗的影響。我曾積極參與聯合廣場夥伴聯盟（Union Square Partnership）理事會的活動，負責聯合廣場的安全、發展、活動安排及整體福祉。我知道單單把公園復原是不夠的，還必須維持美觀和安全，給好市民諸多來遊園的理由，否則只等於給公園做了一次臨時拉皮手術。

市府投標過程競爭激烈，最後是我們得標。原因在於Shake Shack的整體提案十分出色，加上市府對我們的經營能力有信心；當然速食店本身的設計與財務規畫也功不可沒，由市府和保育會一起分享按營收比例計算的租金。要建立這樣的模式是種挑戰，可是這個安排頗具說服力，所以最後獲得採納。

Shake Shack 的設計無疑是它經營成功的一大功臣。我們幸運地選擇了名建築師設計小小的速食店，且要與公園裡的路徑和樹葉融為一體。在我眼裡，這棟小屋本身便是一件藝術品；布滿常春藤的外觀，使它看來像是從地裡長出來的。也有很多設計元素取自周遭地標性建築，例如三角形斜坡式屋頂，禮讚的對象即鄰近的熨斗大廈。我們**使用大眾熟悉的元素，又針對它所在的環境加以設計**，使 Shake Shack 與鄰近地區打成一片，不會給人突兀感。

一贏得標案，我們便開始研究全美各地的漢堡奶昔飲食店。我們拿十一號麥迪遜公園的私下用餐房間，當做 Shake Shack 的實驗室，努力尋找現絞牛肉最恰當的比例組合。經過試吃多種組合，終於選出自認最完美的沙朗牛肉絞肉比例。這種比例的肥瘦搭配，可以產生多汁、牛肉味重的口感。我們辯論 Shake Shack 的漢堡分量應該是多少，最後決定半盎司；又辯論該選哪種麵包（結果是選軟質、馬鈴薯麵包）、番茄、萵苣、醬料。我們非常謹慎地選擇每一項原料，並強調保持正宗原味。

二〇〇四年七月，Shake Shack 開張後立刻大賣。然而超出預期的成功往往形成新的挑

企業若不了解促進社群形成是它存在的理由，注定不會有好表現。

戰，這次也不例外。從一開始，隊伍就排得很長（有次曾多達九十人），由於每個客人都是首次光顧，單是解釋菜單就耗去太多時間。之前我們只賣過熱狗，所以嚴重低估漢堡和奶凍所需要的空間，我們勢必得改變小小廚房的空間配置。在第一季的夏天，員工一天工作九小時，每小時得拚命努力地做出五百多樣東西，往外賣窗口送。那相當於很多很多的熱狗、薯條、冰淇淋汽水、蛋捲冰淇淋、咖啡、檸檬汁、聖代、漢堡、冰茶、啤酒和葡萄酒。沒錯，我們賣啤酒和葡萄酒，絕不放棄為顧客增加選項的機會。

開幕數週後，適逢雕塑家狄蘇維洛（Mark Di Suvero）為公園創作的新作品完成，揭幕夜的慶祝活動就在 Shake Shack 舉行。當時出席的有市長彭博（Michael Bloomberg）等重要人士。市長啜飲本店香草奶昔的照片貼在次日的網路上，也上了報紙。不久，《紐約》雜誌就稱 Shake Shack 為「漢堡天堂」，並說我們的招牌漢堡是「紐約市第一漢堡」。

Shake Shack 不只生意鼎盛，也開啟了一個很棒的商業模式。由於每筆交易有一定比例會付給保育組織和市府，所以每位客人享用的每一份餐點都對維持公園的生命力有所助益。營利事業的成功，能夠對社區有所幫助，Shake Shack 正是個絕佳的例子。最重要的是，這種模式有如一塊吸人的磁鐵，吸引著不同類型、各行各業、不分男女老幼的遊客來到公園。這些人因此成為公園的利害關係人，讓公園保持美麗、安全、歡樂的機率也隨之提高。

我從不期待 Shake Shack 的成功會變成別人口中這樣的一句話：「我沒吃過比這更好吃

的漢堡。」從藍煙餐廳所學到的心得就是，在休閒情境下吃的任何食物，幾乎不可能有所謂「最好吃」可言；當食用的情境帶給人充滿感情的記憶，這時候食物要與那美好的感覺競爭便十分困難。

如果我們非常幸運，能夠在這一行待得夠久，並持續做得很好，那麼今日的年輕人將來就有可能在某個漢堡店前，對自己的孩子說：「我小時候吃過的最好吃漢堡，就是Shake Shack的漢堡。」（編按：二〇一〇年Shake Shack第一次在紐約之外的地區開店；二〇一五完成上市，目前在北美洲、歐洲、亞洲等地，超過百家據點。）

CHAPTER 17

五一%用人法

傑出的領導人都非常懂得如何吸引其他傑出人才。為達成提供熱忱款待、維持高優異水準等企業目標，我們刻意尋找情緒和專業技巧均高超的人才。理論上，如果理想人選的得分是一百，那專業潛力占的比例應是四九%，而款待客人所需的天生情緒技巧應占五一%。

能夠得到顧客的讚揚，而且不只是為了我們供應的食物，總令我開心。多年來我們最常獲得、也是我最引以為傲的讚譽便是：「我很喜歡你們這家餐廳，菜做得很棒。不過我真正欣賞的是，你們用的人都是一時之選。」

企業唯一的成長之道是**忠於自己的靈魂**，而永保成功的關鍵，在於**吸引、雇用和留住優秀人才**。這點說簡單算簡單，說困難也很困難。許多產業，包括我們這一行，延攬優秀人才的競爭十分激烈，其間所涉及的利害關係再高不過。賦予餐廳生命的人員，對餐廳成敗的影響之大，遠超過所用的食材、用餐區的裝潢、酒窖裡的藏酒，甚至餐廳的地點。有鑑於款待等同於一種對話，我向來把最大的花費用在盡可能請到最好的人才上，這樣才能抓住顧客。

幸好自九〇年代初，有一波高智慧、高創意人力進入餐旅相關行業的熱潮。這當中有不少人基於種種因素，被吸引到我們各家餐廳來：有人為了表現愛心，有人為增進本身烹飪技巧，有人因為熱愛品酒，或是為實現創業理想。當然也有人是為了工作時間有彈性，又能賺到生活費，但志不在此。

餐旅業工作突然變得熱門的另一個原因，是報章雜誌、電視、網路和烹飪書的推波助瀾，使廚師、餐廳聲名大噪。當《慾望城市》（*Sex and the City*）影集把十一號麥迪遜公園餐廳當做場景後，顧客蜂擁而至（甚至有巴士觀光行程來此），只為體驗熱門電視影集的場景。年輕人的履歷表上，若能加上一條曾為明星餐廳或名廚工作過的資歷，便可在餐飲業立足，至少應徵工作時容易獲得初次面談機會（也讓應屆畢業生的家長對孩子在餐廳工作感到放心）。餐飲業終於躋身為正當、有出息的事業選項和創業目標。我相信，以有智慧的款待來經營餐廳，有助吸引人才到我們這裡來發展事業前途。

二〇〇四年，我們準備在紐約現代美術館開一家餐館、兩家咖啡廳及一個員工餐廳，同時進入外燴業。屆時組織規模將擴大一倍，員工將達到一千多人，因此培養更多傑出的領導人才極為重要。我們四處發掘優秀員工，這種人願意教導後進、懂得權衡輕重、態度積極進取；最要緊的是，能夠以高標準要求屬下，同時又能維繫屬下的個人尊嚴。我一再發現，傑出的領導人都非常懂得如何吸引其他傑出人才。為達成提供熱忱款待、維持高優異水準等企業目標，我們刻意尋找情緒和專業技巧均高超者。理論上，如果理想人選的得分是一百分，那專業潛力所占的比例應是四九％，而款待客人所需的天生情緒技巧應占五一％。

我是在八〇年代末到芝加哥拜訪活躍的餐廳老闆梅曼（Rich Melman，編按：美國餐飲大亨）時，首次得知這個「五一％」的概念。梅曼是位滔滔不絕、傾囊相授的良師，我很願意、也很榮幸能向他學習。我覺得這個五一％的概念非常有道理，也是我事業的一塊基石。給員工打考績時，我們會同時考量專業工作表現（四九％）及情緒工作表現（五一％），評量他們在本身職守和人際接觸上的表現。就某些方面而言，這也是我根據從小到大培養的直覺，刻意設計出來的經營策略。朋友當中，不乏優秀的運動員和聰明的學生，可是我認為**人們的良善本質永遠比技能更重要**。

假設每個企業就像一盞燈泡，而每盞燈泡的主要目標是吸引最多的飛蛾。如果我們發現，引誘飛蛾撲向燈泡的原因，有四九％是為了光的品質（亮度代表燈泡的專業），五一％

是受到燈泡散發的溫暖所吸引（熱度與燈泡的感覺有關），那應該如何應對。我注意到有好多企業在專業表現上光芒四射，可是散發的熱度卻有如冷光的螢光燈。這就是為何有些無懈可擊的四星級餐廳，能夠吸引忠實粉絲的人數，遠不及有靈魂的二星、三星級餐廳的理由。我希望，做生意能做到飛蛾多得難以招架的地步；員工都得像一連串閃耀的一百瓦燈泡，生產出五一％感覺加四九％專業的產品。

我堅信企業的高階主管或老闆，應該任用五一％類型的人，因為訓練這些人技術方面的能力容易得多。現在雇用五一％類型的員工，可以省下明日的訓練時間和費用。況且，這種人也最適合招募同樣情緒技巧高超的人。好心人喜歡與好心人一起共事。

只要經過相當時間，要訓練出高超的技術並不困難。我們可以教導員工怎麼上麵包或橄欖，如何遞菜單或接受客人點飲料、描述特餐的內容、推薦酒單上的酒、說明有哪些可以選擇的起司，訓練他們記得桌號和座位也不是什麼特別難的事。廚師則需要主廚明確告訴他，嫩煎海鱸煎至恰到好處時，外觀應該是什麼樣子；調味至最佳狀態時，應該是什麼味道；經適當文火慢煎後會呈現什麼樣的質地。這些都是可以訓練的，我們也會那麼做，然而**訓練情緒技巧卻難如登天**。

經過時間累積，我們確定雇用的人都必須具備聯合廣場餐廳主廚羅曼諾所稱：「卓越反射能力」（excellence reflex）的情緒技巧。當有人丟東西過來，一般人的自然反應就是趕快避開。同樣地，卓越反射能力也是種自然反應，看到不妥當的事物會自動把它弄對，看到可以改進的事情就把它做得更好。卓越反射能力根植於直覺和教養中，在刻意、留心和練習下愈磨愈利，隨時隨地在意把對的事情做好。這種能力是教不來的，有就是有，沒有就是沒有。所以我們需要訓練如何聘用有這種能力的人。

我不相信有所謂一百一十分的員工。我們希望培養一百分的員工，技能方面的最佳比例應為：款待精神占五十一分，技術精良四十九分。具有五一％款待精神的員工應具備以下五種核心情緒技巧。分別是：

①樂觀溫暖（眞誠善良、體貼周到）。
②智慧（不只要聰明，更要有無盡的好奇心，能夠爲學習而學習）。
③敬業精神（天生具有盡可能把事情做到最好的傾向）。
④同理心（能夠體會、關切和連結他人的感受，或自身行爲給他人的感覺）。
⑤了解自我與品格健全（明白什麼能夠鼓舞自己；天生責任感重，能夠以誠實和絕佳判斷力做正確的事）。

我希望我的團隊成員，是自然而然散發出溫暖、友誼、歡樂與仁慈的人。與這種人為伍會讓人打從心底感到愉快，情緒隨之高昂，眼中閃耀光芒，從內而外顯現出光采。我想雇用在工作時間以外，自己也願意與他相處的人。許多人把大部分醒著的時間花在工作上，如果這是個人的選擇，那單從自私的立場看，也值得讓自己置身於令人敬畏的夥伴當中，以便隨時能夠向他們學習，從他們帶來的挑戰中成長。

在找尋這類人才時，我們所抱持的心態是心胸開放、好奇心強、樂於學習。我們的經營模式有一個特徵：持續不斷地改進。加入團隊的人，必須天生熱愛學習，嚮往成長；會去思考如何在每個日子裡發掘精益求精的機會。我們每天都為追求優異而努力，這需要好奇心強的人，這種人會對同儕所做的事感興趣。服務生想學做菜，我十分肯定；廚師想了解葡萄酒知識，我很激賞；接待員和訂位員在電話或店門口招呼客人時，想了解關於顧客的更多點滴，我也會予以肯定。

若要員工對公司有所貢獻，敬業精神是不可或缺的情緒技巧。我們的員工應該有自信心、高度成就動機，以及把工作做好的技能。要教人如何把餐桌擺得漂亮不難，可是該怎麼用心關注餐桌的美觀，就是教不來的天賦。每當我走進一家自己的餐廳，看到大家正在做營業前的準備工作時，我最樂於見到的景象就是看著侍者從餐桌上拿起酒杯，對著燈光察看有沒有汙漬。倒不是因為我有吹毛求疵的怪癖，而是樂於見到侍者對微小細節的在意。仔細觀察，**不適任的員工其問題癥結多半出在「不為」，而非「不能」的態度上**。

高度同理心是有智慧的款待的關鍵因素。同理心不止是理解他人所經歷的狀況，還必須知曉、注意、關心自身的行為如何影響他人。例如，我們需要的侍者應有能力在接待客人時，能夠憑直覺感受他們的需要和用餐計畫。比方，他們是來慶祝還是來談生意？是特地為了品嘗菜色，抑或只是吃個便餐與同事聯絡一下感情？他們希望特別受到關注，還是不想被打擾呢？

顧客自身也許以為出外用餐不過就是打牙祭，我卻始終認為，顧客更基本的需求是享受被人照顧的感覺。要讓顧客明白我們在替他著想最直接有效的做法，就是派出具感染力同理心的隊伍上場。如果絕大多數的成員缺乏同理心，那沒有任何企業能做到真正的款待。反之，若每個隊員都能為別人代打，那麼彼此培養出來的互信和尊重，就能創造對關心顧客有傳染力的環境。

了解自我與品格健全相輔相成。品格健全才會去認識自我，才會去要求自我對於做正確的事負責。我希望能跟收放自如的人一起工作。**認識自我就是了解自己的情緒（以及這種情緒如何影響本身和他人）**，這有點類似個人天氣報告：現在的情緒是乾燥還是潮溼？下雨還是刮風？溫煦晴朗還是涼意多雲？員工個別和集體的心情都會影響顧客的情緒；每逢用餐時間，食客往往以百人計，廚房、用餐區和客人之間跳著複雜快速的舞步，此時，每個員工能夠認清自己的個人「天氣報告」並對此負責，便顯得極為要緊。

沒有人可以永遠保持快樂和情緒高昂，但是專業素養要求團隊的成員應當認識自身情緒並加以控制。若員工有個人困擾，一早起來就感到憤怒、緊張、沮喪或焦慮，那麼他必須體認並處理好這類情緒。把那些負面心境投射到工作環境或同事身上，對大家都沒有好處，我們稱此為「臭鼬效應」。臭鼬覺得受到威脅時，會向獵食者噴出臭味，讓方圓兩哩內的人不得不聞到那個味道，而且可能以為臭鼬是衝著他們來的。與臭鼬一起工作成果不會好，接受臭鼬服務也不會是愉快的經驗。**對於有賴團隊和諧的行業而言，臭鼬的氣味有如毒藥**。

「有智慧的款待」這個理念似乎暗指員工應該把個人需要擺在一旁，無私地去照顧他人。而讓它發揮功效的祕訣，在於雇用天生喜歡照顧他人的員工，我把這類人稱為「款待家」。這種個性在強調款待特質的服務業中更顯重要，因此吸引具備此種特質的人，對我們的成功十分重要。這種人極少有精力枯竭的問題，反而愈有機會照顧別人，愈覺得身心舒暢。

專業素養會要求團隊成員，
應當認識自身情緒並加以控制。

無論我們僱人時多麼認真仔細、用心良苦，仍然會犯下不少錯誤，多半是因為誤判了員工的情緒性格。技術上的優缺點通常比較容易看出來，只要看一個廚子煎魚六十秒鐘，就能判斷此人夠不夠格做廚師。只要看侍者一眼，馬上就能判定他能不能得體地為客人點餐。情緒技巧則較難評量，通常需要認真相處，而且是在工作環境中相處，才能判斷某人是否適合某個工作。要點在於，**一開始就確定理想的員工應該具備哪些情緒技巧**。單是做到這點，即使沒有其他作為，找對人的機率仍然很高。

多年來我們採用一種「跟做」（trailing）制度，用來測試和磨練試用者的技術能力，亦即四九％的這個部分；另外同時評估其情緒技巧，即五一％的部分。跟做包含訓練與試做；過程要求嚴格，有時會不太好過。我們的試用期一般是持續到首次觀察試用者在用餐區或廚房的實際環境裡表現如何，並整體評估此人是否適合我們的團隊。

整個過程我們都表現地開誠布公，同時告訴試用者，希望他也試試看我們是不是適合他的雇主。我們鼓勵這些年輕人自問：「這是我真心想要度過三分之一人生的地方嗎？」「這地方能夠給我挑戰，讓我獲得成就感嗎？」

技術上的訓練不難，情緒方面的東西則幾乎沒辦法教。分辨哪個人具有款待的天分是很微妙的技巧，可意會而難以言傳。我知道自己有這種本領，可以一眼看出對面坐的人適不適合我們的餐廳，然而如何把這主觀感覺變成客觀技巧，把隱含的感覺變成明確敘述？有個有效的方法，把我的直覺反應說明給負責招募員工的主管，也就是教導他們聆聽自己的直覺感受。我請這些主管在僱人時，思考以下三個基本假想情況。

情況一：想想在你很熟的人當中（配偶、好友、父母、手足），有誰具有看人奇準的天分。對我來說，那個人是妻子奧黛麗。她對於判讀性格和品德非常在行，即使短暫一瞥，也能八九不離十地判斷此人是否表裡如一。所以第一個檢驗是：試想你邀請打算雇用的員工到家裡來，與你的品格裁判共進晚餐，在兩小時用餐期間，三個人談了很多事情。當此人離開，門關上後，你的「品格裁判」第一句話會說什麼？「你在搞什麼名堂？」還是「馬上錄取這個人！」在品格裁判心中沒有灰色地帶。

情況二：想像你生意上的死對頭，如果你是洋基隊，那死對頭便是紅襪隊。假使有一天，你告訴某人，你願意雇用他，他卻當天回電表示：「謝謝你的厚愛，不過紅襪隊剛剛給了我極好的條件，我打算去他們那邊。」當下你的反應會是：「可惡，我們搞砸了！」抑或：「還好，我們逃過一劫！」問問你自己。

有時在用人的過程，我未能對不怎麼適合團隊的人快刀斬亂麻；而對於我們積極爭取的人最後選擇去別家工作，卻感到如釋重負。這種情況不在少數，連我自己都頗感訝異。我不免要問自己，當初的面談過程怎麼會錯得這麼離譜？

我明白自己在僱人方面有盲點，其中之一就是我天生喜歡讓人感覺自在。這股力量十分強烈，使我在不適合這麼做的場合，像是面談應徵者時，很難煞得住車。我的職責不是安撫對方，而是評估他適不適合我們的團隊，這就需要了解自我。一定要有工具來檢驗天生直覺，否則很容易被誤導而犯下危險錯誤。

情況三：企業老闆或主管多半有一群核心顧客，或是意見特別被看重的人。在我們這行，最有可能的是餐廳評論家。他若是為主要報章雜誌寫評論，那也許就有上百萬的讀者會看到他的意見。至於我個人，則可能是母親、姊姊或弟弟，這麼多年來，他們始終很了解我（我也很了解他們）。我重視的人也可能是餐廳常客，他總是一五一十地告訴我對每種餐點的評價，同時忠誠到不論上一餐吃得好不好，都會再度光顧。現在假設這位意見特別受重視者一聲不響就來用餐，剛好店裡只剩一張桌子還空著，而負責服務這桌的正是你考慮要用的人。這時，你的反應會是：「太好了！」還是「糟糕！」

如果在這三種狀況下，你對想雇用的對象均是肯定的感覺，那就錯不了；只要有一種感覺不對，就該收手。我很少在兩、三位主管已經面試過之前，便直接與應徵者面談，我希望能在大家都同意的情況下雇用新人。我請主管們查證應徵者的相關工作推薦函，並請他們在面試時記下個人意見。再針對五種情緒技巧，以一至五的量表，逐一評定應徵者的能力；以及考慮上述三種假設狀況下自己的反應，聽聽內在聲音怎麼說。

最後，我會請主管們在考驗可能人選時，衡量另一個關鍵因素：即他們認為**此人是否有能力在其職類中成為團隊中的前三名**？如果此人永遠難以變成前三名的廚師、侍者、侍者領班或主管，那為什麼還要用他？他如何能協助我們改進，並在同業中爭取第一？超強或超弱的人很容易看得出來，企業應該不惜代價地避開平庸之輩，這種人對組織的危害最為長久。超強者可以為公司贏得掌聲；超弱者或是自行求去，或是被解僱。**庸才就像地毯上怎麼也去不掉的汙漬，得過且過**。他自己覺得自在，所以絕對不會離開；他令人洩氣，因為他從不做足以讓自己高升或者可能被解僱的事。由於你不會或不能趕走他，所以等於共謀似地對員工和顧客傳達一個危險的訊息：凡事普普通通就可以了。

企業應該不惜代價避開平庸之輩，這種人對組織的危害最為長久。

餐飲界有好多職缺待補，要執行我們自訂的限制，尤其在勞動市場人力不足的情況下，可能會令人倍感挫折。當主廚手下缺人已經缺了三星期，好不容易找到烹飪技術很好的人，可是他不屬於那五一％的類型，我們應該放棄不用嗎？絕對是的。對於情緒修養尚不夠一定標準的人，高超的本領並不能讓我對他另眼相看。我們每家餐廳都有獨特的菜色和裝潢，唯有殷勤的款待是全體適用的明顯特徵。新員工一進來，我會立刻告訴他們，檢討薪水時，若有加薪或分紅，五一％取決於他們在工作所需的情緒技巧上表現如何；四九％則與技術表現有關。這對我們是最完美的平衡。

在經營聯合廣場餐廳的早期，我就憑直覺知道自己要找什麼樣的員工。我有個簡單的準則：因為我知道自己會在餐飲這行待很久，所以希望與自己共事的夥伴有趣、聰明、喜歡學習，更別說必須一心想要求好和渴望加入贏的團隊了。我自信地笨到以為不必面試，就能從滿屋子的應徵者當中發掘可用之才。一九八五年，我為聯合廣場餐廳組織第一個團隊時，還做了件如今聽起來很瘋狂的事：我決定不雇用紐約本地人，因為擔心本地人會把紐約作風帶到我的餐廳來。當時在我印象裡，紐約是個犯罪率高的恐怖城市，居民說話刻薄、態度不友善又難搞。如今我明白，這個策略實在非常無知狹隘。不過，出發點只是基於想找親切樂觀的人，輔佐我開辦讓人感覺耳目一新的餐廳。

對紐約的偏見很早就已化為烏有，我們最優秀的侍者和廚師當中不乏紐約本地人。我的僱人原則自一九九四年格拉梅西小館開幕後不久，就有大幅演變。繼一九九一至九二年的不景氣後，新出現的利多導致紐約市各地如雨後春筍般地出現許多餐廳。突然間，除了與同業們較勁誰能供應最佳食物，還要加入爭相雇用最佳員工的競爭。紐約各家餐廳真正的戰爭不在餐桌上，而是在《紐約時報》星期版的分類廣告裡。餐飲業跟別的行業一樣，**先要找到優秀的員工，才有更大機會贏得最多客人**。

我們得以維持優質地位於不墜，全靠能夠吸引一流人才。只要能做到這點，招募人才的「良性循環」就會持續下去。維持顛峰水準的表現，有助於吸引更多優秀人才，而這些人才又將維繫我們的表現於不墜。能夠贏得重要媒體如《紐約時報》和《薩加調查》的高排名，不但使餐廳生意更上層樓，也使我們得以組成愈來愈強的工作團隊，永保表現優異的能力，並增進公司的公共形象。

我一直對自滿戒慎恐懼，因而時時提醒主管們要抱著「唯恐落於人後」的心態去招募新血。如果發現有人很適合我們的團隊，即使專門為他設個職位也在所不惜。除了採取運動員式的雇用策略外，擅長留住最優秀的員工也十分關鍵。企業主管很容易因為不尊重和未善待員工、不教導他們新技巧、不給他們明確的挑戰，而白白浪費掉優秀團隊的競爭優勢。我經常到旗下各家餐廳巡視，部分就是為了深入團隊，去看、去聽、去感受實際情況。我觀察他們如何工作，為他們打分數，希望看到四九％的技術功力和五一％的情緒功力。

對自己、工作和整體人生抱持相當的幽默感，有助於增進達成優異的好心情。多年前，我們的社會開始瀰漫一種心態，就是餐廳（或任何行業）想要被認真看待，就得正經八百。可是在許多豪華餐廳裡，總讓人感覺少了什麼。表面上看起來十分優雅：顧客前傾身體、輕聲細語地交談；明明都是美國人，身穿正式禮服的侍者卻用法語稱呼女性為「夫人」（madame）、男性為「先生」（monsieur）。上菜、上飲料的程序無懈可擊，清理桌面的動作也無可挑剔，然而卻沒有樂趣、沒有真誠、沒有靈魂。餐廳的執行過程完美，但帶給顧客的體驗並不完美。

我鼓勵員工表現人性的一面，記取犯錯的教訓，保持愉快，放鬆心情，這對我們刻意想做到的款待極有幫助。不過，最佳的「五一：四九」組合仍是不可或缺。重點在於要雇用到天生樂觀真誠、又有能力做到優異的高成就動機者。我們明白告訴員工，會給他們一群樂觀進取的好同事，大家一起工作，彼此可以感受到互重和互信，公司則要求大家共同達成遠大的目標。

能夠建立團隊的領導者，確實會獲得不少令人躍躍欲試的事業機會。我們每一位主廚均曾獲邀做烹飪示範、上電視、為慈善公益活動做菜、接受媒體訪問，有幾位還寫過食譜書。到二〇〇六年五月八日為止，團隊成員共獲得十六項詹姆斯貝爾德基金會（James Beard Foundation）的美食大獎，這是餐飲業的「奧斯卡金像獎」、「諾貝爾獎」（編按：截至二〇一九年，作者及團隊成員共獲得二十八項詹姆斯貝爾德獎）。

唯一令我擔憂的，就是當員工不論基於什麼緣故，或獲得何種聲譽，就覺得自己享有特權或特別機遇，以致忘記我們做的是服務業，我們的工作只為帶給他人快樂。我不介意員工利用餐廳的名聲，追求自己事業的發展。像是主廚變成名人，其提升餐廳知名度的程度，不下於對他本身知名度的助益，這種風氣顯然不會消散，對餐飲業而言亦非壞事。但是個人的勝利必須歸屬於全體，否則弊多於利。

有些員工會把博得某位常客的好感（有時是為了謀取職位），看得比整體利益重要。同樣地，曾經推出系列招牌名菜的「明星」大廚很可能完全不適合我們。對他（或她）來說，促銷本身的「品牌」恐怕比推廣我們的品牌更重要。在一個團隊當中，若有人自覺高人一等，整體力量便會削弱，或是因為效忠對象相衝突而分散了力量。我發現，組織中最可能出頭的是樂於做團體運動者。凡是成功必須靠別人幫助的組織均是如此。

組織中最可能出頭的人，是樂於做團體運動者。

除此之外，**守時**也是沒有商量餘地的。可是好像很多人都習慣用故障的鬧鐘；上班永遠遲到，而且總找得到情有可原的藉口。即使別人通勤都能設法及時到班，他們卻總是會困在「脫班」的公車或地鐵上而耽擱。慣性遲到（不論比約定時間晚出現，或是不盡快回電話、回電子郵件）是種傲慢的表現，反映了「我重要到必須讓別人等我」的心態，也造成其他同事的負擔與困擾；要不就是得替遲到同事代班，要不就是擔心不知發生了什麼事。我們想要找的是「內在時鐘」不會出問題，以及當地鐵或公車脫班時懂得應變的人。

從當主管的第一天開始，我就如同一九八〇年為安德森競選總統時一樣，始終把為我工作的人當志工看待（這並不是說他們同意無償工作）。我總是告訴新進員工：「我知道你們到這裡工作，最基本的是為了付房租。你們需要工作，而我需要有人正確無誤地幫客人點菜和做出美味的食物。」然後我會再提醒他們：「你們可以在任何地方做同樣的工作，可是你們選擇了我們，自願加入我們的團隊，我們有義務提供不止是薪水的東西做為回報，希望能讓各位覺得進這家公司是明智的決定。」

我們的員工有機會在勞資雙方彼此尊重、信任的公司工作，與優秀的同事為伍並向他們學習，也可以知道自己的貢獻在每個日子都很重要。

我保持每四週與新進人員開一次會的慣例，這使我想到酒莊釀製無年份香檳的做法。所有著名酒莊，都致力於產製口感幾乎一成不變的優質無年份香檳，他們完全清楚那是什麼樣的口感，以及應該如何釀製。他們知道，每年種出來的葡萄都不一樣，每個葡萄園生產的葡萄酸度、酒精含量或果實各有千秋，因此他們會保留過去釀的酒，以便日後可以把不同年份的酒混在一起，讓所有元素達到完美的平衡，呈現出與過去一致的風味。這是酒莊的家風。

我們建立團隊的方式就像在製作無年份香檳。多年來有許多員工曾經受雇於各家餐廳，然而有如專業試酒師的客人應該體會得出，我們始終保有一貫的感覺和體驗，此種一貫性正來自於我們始終用心選擇，組合餐飲界最有心、最具才華的人才。這是我們的家風。

CHAPTER

8

廣傳信息，回饋調整

現代人每天被灌輸的資訊，比老祖宗一輩子得到的資訊還要多。
因此，我們傳達的訊息必須有用又不易忘記，
才有機會在人們心中爭得一席之地。
而且訊息呈現的方式，務必與整體的企業觀點相符合，
否則造成混淆事小，造成傷害才最糟糕。

任何新公司的創辦人，都有機會向外界表達公司初始的企業觀點。在招牌掛上門的那一刻，不僅代表了開始對外營業，也代表即將收到外界的各種反應和褒貶。成功的企業固然忠於其核心理念，但也知道如何察納建設性意見，並有所回應和調整。在餐廳這一行，意見多

來自食評家和新聞記者。

媒體喜歡採訪餐廳，而且貪求無饜的胃口有增無減，我想這是因為民眾對外食資訊需求旺盛，永遠不嫌多。在營運順遂的日子，媒體對生意也許是極大的助力；但當我們犯錯、被認為低於某人的標準，或不再受青睞的時候，媒體的負面報導就有可能妨礙生意。

媒體就好比鯊魚，必須不斷游動，否則就會死亡。根據這個認知小心行事，就可以從中受益。只要騎術高超，鯊魚可以是我的工具，把我安全帶到目的地。在我個人騎鯊魚的經驗中，曾被甩下來，也曾被刺痛，甚至被咬傷，所幸至今尚未遭到吞噬，每次總能抵達目的地，有時甚至騎得很愉快。

我像許多企業的老闆及執行長一樣，負責對大眾說明公司的核心原則與價值觀。我總是試圖利用媒體的專訪解說經營理念，此時便是騎鯊魚之旅的開始。這是高風險的遊戲：玩得好，隨之而來的將是座無虛席，營收亮眼，並吸引新員工；若犯錯，懲罰可能會相當嚴厲，受害的可能是生意、員工士氣或辛苦得來的聲譽。除了截稿前一刻的突發新聞外，大多數記者的報導即使是根據最新的訪問而來，仍會引用前人寫過的東西，而且不分正確與否。每個人都希望被重複提及的是好的一面，負面消息則要努力使它默默被淡忘，至少不會拖太久。

二〇〇四年夏天，共和黨舉行全國代表大會時，幾乎每家餐廳的生意都大受影響。時間剛好在勞工節（編按：九月第一個星期一）之前，紐約市民彷彿全跑光了。許多家庭出城度假，只為避開各地湧入的開會人潮，或是擔心共和黨大會又使紐約成為恐怖攻擊目標。市長彭博曾樂觀地誇口，這次大會對生意是天賜良機，也許長期而言不無可能，但那一週的生意卻十分慘澹。

當時的聯合廣場餐廳總經理賈魯提（Randy Garutti）接受記者訪問，坦承店裡生意掉了二五%，這是事實。可是該報錯誤引用賈魯提的話，把我們生意減少的比例寫成七五%。這則「新聞」繼而出現在別的報導裡，從福斯新聞（Fox News）到大衛．賴特曼（David Letterman，編按：脫口秀名主持人）陸續加以引述，聯合廣場餐廳無意間竟變成政黨開大會時生意受損的樣板代表。此事談不上是致命傷，但仍屬被鯊魚咬得刺痛。

所幸食評家給我們各家餐廳的實際評語，絕大多數都相當正面。我對每則評論的主要考量有以下兩點：一是對餐廳生意有何影響？二是對辛勤工作的員工士氣及個人觀感有何影響？謝天謝地，到目前為止，不曾有任何評論讓我們難以為繼。不過，尤其是在新餐廳剛開幕時，當食評家寫的東西在我看來是狠狠地一場重擊時，我個人和整個團隊都感覺被打得遍體鱗傷。

記者喜歡搶第一個到場，這在紐約是慣例也是權利。紐約的外食族當中，也有一大群人喜歡在餐廳剛開張就搶先光顧，只為了吹噓自己去過最熱門的新地方：「我來過、吃過，我搶了第一。」講究的食客明白，無論多好的工作人員，都需要經過相當時間才培養得出合作無間的默契。新餐廳也許需要好幾個月之後，才清楚哪些菜賣得好、哪些菜不受歡迎；等到把菜單仔細修正到最理想的狀態，很容易就耗去一年時間。

其實，新餐廳一般需要兩、三年後，才談得上發揮終極的潛能。正因為餐廳需要這麼久時間才會有自己的靈魂，開張前三個月我多半戰戰兢兢，前半年也沒有任何樂趣可言，往往要過了整整一年，我才會為新開的餐廳真正感到驕傲。可是等我有信心時，與我們沒有緣分的食評家和客人，也就是無論我們最後做了多大的改進，始終不會喜歡這家餐廳的人，已經準備向下一家新開的餐廳進攻了。

的確，當新餐廳一開始向顧客收錢，就會成為食評家很好的獵物。民眾和餐廳本身很容易被最早的評論所欺騙，因為那短暫一瞥的印象很難正確地預示這家餐廳未來的發展。

難道我主張食評家和食客應該對新餐廳敬而遠之？當然不是。知道新餐廳剛開幕時的口味和運作情況固然很好，可是也很值得去了解它未來的展望。如果我買下一箱新推出的葡萄酒，即使明知道年份還不夠，通常還是會馬上打開一瓶來喝，做為日後追蹤其變化的對照。對新餐廳也不妨這麼做，前提是你相信這家餐廳會繼續成長發展。

開餐廳有點像釀葡萄酒，
系出名門的酒必會隨著時間愈陳愈香。

開餐廳確實有點像釀葡萄酒，剛裝瓶時，新酒味道往往不順口，但是系出名門的酒幾乎必會隨著時間而愈陳愈香。我是享樂主義者，會在葡萄酒到達最佳狀態、各種成分交融出和諧甜美的口感時去享用它。同理，餐廳我也會選最佳時刻再上門。

即便我們的產品——食物、員工和餐廳設計，剛開始時尚有瑕疵，又變化很快，可是我們仍然持續尋覓看起來與這些產品自然相契合的顧客。我們可以在信任、尊重和愉快的基礎上，徵詢他們的反應，由此展開有意義的對話。尤其在開幕初期，一般大眾反應會很多，有時簡直是太多，此時更需要這類顧客。

比方，一九九八年塔布拉開張時，一開始客人經常提出的批評是：「印度菜在強調感官經驗的精緻環境裡一定不會成功。」我們聽進去了，但是這個意見並不特別有用。另一種批評是說：「塔布拉好是好，就是太吵。」這個意見比較有建設性。其實開張前我們就有預感，噪音可能是個問題。我曾堅持地板鋪紋理豐富美麗的紫檀木；天花板因為要保存具歷史價值的裝飾，所以不能碰、不能用吸音磚。塔布拉環境吵雜，許多客人發出怨言，於是我們進行若干細部改善，大幅降低噪音音量。我們掛起厚絨布窗簾，在桌面下綁布球，吸收自地面反射的噪音，椅背也裝上套子。此次經驗學到的教訓是，為減少噪音所做的每件小事，都幫助很大。

塔布拉及其樓下較平價的咖啡廳「麵包吧」（Bread Bar），開業的前兩年曾出現另一個特殊問題。早年，顧客大多從未體驗過印度香料搭配本地時令食材，加上嬉皮雞尾酒、超時髦的音樂和現代藝術。雷克爾女士在《紐約時報》的食評給了它三顆星，也引起不少好奇心，使塔布拉第一年總是高朋滿座。第二年，生意略為下滑，第三年表現平平（受九一一攻擊事件的傷害尤其大）。這是我們各家餐廳中，首次出現沒有年年持續成長的情況。

然而開塔布拉的初衷不是為了曇花一現，所以我採取不一樣的做法：邀請一些忠實顧客，與我和主廚、總經理、營運長進行焦點團體（focus group）討論。我們不斷聽到兩種好像相衝突的意見：「如果塔布拉的印度風再強烈一點，我會更常來」以及「如果塔布拉不要那麼多印度味，我會更常來」。於是我們想出解決辦法：樓下的「麵包吧」以重口味的印度食物為重；樓上塔布拉的主要用餐區，則提供口味較淡、較細緻的菜色，以投兩種顧客所好。這些改變應該歸功於**顧客寶貴的建議**。

《紐約時報》食評家艾斯莫夫幾乎立即注意到我們的新模式，他在「二十五美元以下」專欄（$25 and Under）裡，大為讚賞新印度化的「麵包吧」，使塔布拉立即恢復生氣，回到過去的生意水準。

十一號麥迪遜公園開幕後不久，我們做了另一種調整，部分也歸功於顧客意見反應。十一號麥迪遜公園，在外觀和感覺上比較像富麗堂皇的餐廳，不像我們原先定位的輕鬆大眾化餐館，因此顧客的感受不是我們超越了他們對大眾化餐館的要求，而是達不到他們對高級餐廳的期待。這裡的食物確實好過一般平價餐館，但是以其裝潢如此高雅講究，客人會期待更精緻的飲食。這似乎是雙重的挑戰。我們既要設法把氣氛弄隨和一點，讓客人覺得在這裡吃飯很愉快，又要大幅提升用餐經驗的品質。

十一號麥迪遜公園剛開幕時，曾獲得一些良好（但非優等）的評價，令我大失所望。（其實公平地說，它得過《紐約每日新聞》四顆星評價，曾獲詹姆斯貝爾德基金會「美國最佳新開餐廳獎」提名，也擠進夢寐以求的《君子》雜誌〔*Esquire*〕「年度美國最佳新餐廳排行榜」。）我們認為部分癥結出在在此用餐不夠輕鬆愉快。這家餐廳設在壯觀的歷史建築物裡，屬於裝飾藝術風格，屋頂挑高，大理石隨處可見，令人嘆為觀止。無論我們怎麼添加附件，讓它看來像平價餐館，其優雅的骨架是改不了的。

柯雷恩要我認真考慮一個直截了當的解決辦法：讓更多大型餐會在此舉行。他說：「人們經常打來，想在餐廳舉辦盛大的派對。」剛開幕時，我們把桌次限定在六到八桌，以為這樣對廚房有利，客人較少，菜就可以做得更好。

我們幾乎試盡各種將餐桌併攏的配置方式，以便接納八桌、十二桌，甚至十八桌的宴會。接著是增加飲酒的選擇，在一律是法國酒的酒單上，納入加州的葡萄酒。如今，活潑歡樂的迷你派對，每晚在用餐區四處進行著。我們請了一位活力十足的侍者領班華金斯（Derek Watkins），他好像記得住每一位客人，彷彿是前門的「親善代表」。後來又增聘貝克塔（Stephen Beckta），他也是一流的外場經理，能夠像能言善道的馬戲團主持人那般讓整個屋內熱鬧起來；菜單也重新檢討改良。

半年內，十一號麥迪遜公園即登上《葡萄酒觀察家》（*Wine Spectator*）雜誌封面，成為紐約最適合葡萄酒愛好者的新餐廳之一。不久又以其服務獲得「詹姆斯貝爾德優良獎」，此後並幾乎年年名列《薩加調查》前二十名最受歡迎餐廳。二〇〇六年，我們大膽任用瑞士出身的主廚胡姆（Daniel Humm），他年紀雖輕但極有天分，以其十分細緻的烹調風格，把十一號麥迪遜公園最後一絲平價餐館的感覺一掃而空。這裡的設計使顧客和我們都相信，它原本就適合開高級豪華餐廳。

儘管對顧客洋洋灑灑的意見，我們幾乎一個都不敢輕忽，但是藍煙烤肉店開幕初期遭遇的問題，卻不是那麼容易解決。

一開始我們完全沒想到，幾乎從開幕第一晚起，就有大批食客蜂湧而至前來嘗鮮。我們始終難以相信，有那麼多溫文儒雅的紐約客願意鬆開領帶，用手去抓骨頭來啃。顧客想來預訂位子，電話卻打不通。由於準備不足，訂位常有重複或超收。

二〇〇二年春天的某一晚，在美國書商協會（American Booksellers Association）年會期間，我們不小心在同一個包廂接受了兩組訂位，但那裡只容得下一組人。這兩個宴會的主人可不是隨隨便便的人，一位是重要的主編兼發行人，又是我的朋友；另一位也是著名發行人，要介紹美國最暢銷的烤肉書作家史蒂芬・雷奇藍（Steven Raichlen）的新書。此事讓我們吞下錯誤的苦果，我到現在想起來都還會發抖。每一邊都堅持只要包廂的場地，最後是我親自出馬，說服其中一組換到空間更大的後方用餐區去。接下來，我只剩下向四十來位、固定預約後方用餐區的顧客解釋。那真是尷尬、混亂、代價不小的一天。

這次錯誤和許多其他失誤，部分應歸咎於我們刻意雇用比平常開幕團隊要求的更年輕、更缺乏經驗的員工。我原本的用意是，讓藍煙成為公司的人才「培養場」，錄用技巧尚未純熟，不足以到聯合廣場餐廳、塔布拉、格拉梅西小館或十一號麥迪遜公園去工作，但是具五一％潛力的新手。我的根據是，在烤肉店應該用不到高階的餐廳技巧；如果新手在藍煙培養了足夠的能力，值得晉升到另外那幾家餐廳去，我們就會安排。我們也會以相同方式栽培「生手」主管。

事實證明這個構想是嚴重錯估形勢。我得到的教訓是，無論依照什麼概念開餐廳，顧客對我們的品牌均有三項固定的期待：出色的烹飪、得體的服務、殷勤的款待。無論是哪種價位或菜色，烤肉還是黑松露，顧客都期待食物好吃和服務款待周到，而我們卻沒有做到。我把藍煙當人力培養場的構想，也得罪某些優秀的員工，他們的資歷也許足以在更「精緻」的餐廳任職，只因比較喜歡藍煙輕鬆愉快的氣氛，而選擇在這裡工作。

我們對顧客建設性的意見馬上給予注意，做出關鍵性的調整，逐步解決一些令人却步的問題。首先，我們移走藍煙四分之一的位子，這要花不少錢，希望藉此可以不要再亂成一團。

對於顧客洋洋灑灑的意見，我們幾乎一個都不敢輕忽。

其次，把幾位極有才幹的主管從別的餐廳調過來，主管人力增加二分之一。

為應付遲來的訂位和顧及臨時起意來吃烤肉的客人，每晚保留多達一半的位子給未訂位的客人。這個策略具有雙重作用。一是我們能夠主控每晚生意會忙到什麼程度，因為保證有座位的客人坐定後，我們仍可自主決定另一半的坐位要不要收客人。再者，我們明白愛吃烤肉者不習慣四週前就預做規畫，所以本店能夠滿足心血來潮想吃烤肉的客人。

鼓勵客人隨興上門，為藍煙帶來一群全新的顧客：愛好烤肉，想進來吃幾大塊肋排，灌幾大杯啤酒，與朋友消磨時光，聽聽樓下很棒的現場演奏音樂或樓上點唱機的曲子。他們不是講究的美食主義者，不會在網路上四處搜尋食評，也不會想要知道各美食部落格的熱門話題是什麼。我們取消必須事先預約的要求，結果是幾乎立即鼓舞和吸引到數以百計的新顧客，把吧台區擠得水泄不通，要足足等上一小時才有桌子空出來，但顧客卻樂在其中。當然最重要的調整，仍是在致力於供應品質最優的烤肉。

我們不斷設法提升每家餐廳在民眾心目中的分量。紐約市有成千上萬家餐飲店可供選擇，現代人每天被灌輸的資訊，比老祖宗一輩子得到的資訊還要多。因此，我們傳達的訊息必須有用又不易忘記，才有機會在人們心中爭得一席之地。而且**訊息呈現的方式，務必與整體的企業觀點相符合**，否則造成混淆事小，造成傷害才最糟糕。

有一個成功的點子，是《今日秀》節目（*the Today Show*）為主廚赫佛南所做的一段報導。赫佛南不但是活躍的甩竿釣客，也是研究靠鰓呼吸生物的專家。那段很不錯的報導拍出他在船上釣到魚，經處理後，再回到攝影棚內烹煮。由此所傳達的訊息是，十一號麥迪遜公園的主廚，不僅對魚瞭若指掌，也關心環保，人又和善。這不但為餐廳帶來生意，赫佛南本人也獲得很好的反應。

這類節目對我們十分合適，如果是上唐納．川普（Donald Trump，編按：第四十五任美國總統，從政前是商人和電視名人）的《誰是接班人》（*The Apprentice*），無論效果多好，都不會有如此加分的作用。有一天《誰是接班人》製作人打電話來，請我參加一項競賽。據我了解，節目進行方式是請兩位餐館老闆參賽，各自必須在一週之內完成構思、興建到開設一家新餐廳，然後《薩加調查》會派出大隊人馬，投票決定誰做得比較好。

當時《誰是接班人》的收視率很高，但是我知道那不適合我們。別人說我腦筋有問題，能在人人都看的節目上露臉，對公司百利無害。但我考量的是，這種高曝光的機會，反而會造成我們不務正業的錯誤形象，傳達矛盾的訊息給觀眾。

我仔細挑選在媒體亮相的場合。一九九〇年，答應茱莉雅．柴爾德造訪我家廚房，在《早安美國》（*Good Morning America*）播出；《人物與城鄉》（*People, Town and Country*）、《CBS週日晨間》（*CBS Sunday Morning*）等節目及《紐約時報》做專訪；為美國運通（American Express）做全國性廣告（後面會寫到詳情）；同意瑪莎．史都華（Martha Stewart）在藍煙的廚房裡，跟烤肉師傅學烤肉，以及好玩地在Shake Shack當見習生。

我曾拒絕開設個人全國脫口秀節目、拒絕替某香水和某系列男裝做全國性廣告、拒絕《紐約時報》想報導我為何認為聯合廣場餐廳應獲得米其林一顆星，也拒上《誰是接班人》節目。

我首次同意高調地出現在媒體活動上，是在一九九二年美國運通邀請我上廣播電台做宣傳，後來又參與其全國電視宣傳活動。廣告在聯合廣場餐廳拍攝，我同意參與演出的條件是，這些廣告必須著重於美國運通如何努力對抗飢餓。廣告播出後，大幅提升聯合廣場餐廳的地位和知名度，也撒下兩千萬美元「對抗飢餓」計畫（Charge Against Hunger）的種子。這個延續數年的計畫，由美國運通和「分享力量」組織（Share Our Strength）發起，是由比利．蕭爾（Billy Shore）創設的傑出團體，宗旨在消除飢餓和貧窮。

我在事業上最引以為傲的成就幾乎就屬這一件，理由並非因為我上了全國電視和各報星期日特刊，那種名氣稍縱即逝，真正有意義的是對實際兒童的影響。這全歸功於美國運通資助「分享力量」組織的各種計畫，也因為那些廣告一播出便獲得消費者的正面反應。

不過這個故事有後遺症。一九九二年美國運通的廣告大獲成功後，我到華盛頓特區米勒開的當紅新餐廳「紅衣聖人」（Red Sage）參加「分享力量」組織的理事會議。就在我們暫停準備用午餐時，接待員示意我到餐廳擁擠的接待櫃台去接電話。電話那一頭是聯合廣場餐廳的一位經理，他打來告訴我一群男女同性戀運動人士正高舉「紐約杯葛科羅拉多」的大旗，在我們餐廳外示威抗議。他們在聯合廣場餐廳前門排成封鎖線，阻擋人員進出，目的是抗議我答應到科羅拉多州，在即將舉行的《美食美酒》雜誌經典節（*Food and Wine* Classic）主持一場義大利葡萄酒的研討會。這項活動每年在科州亞斯本市（Aspen）舉行，我從一九八七年起就一直擔任講者。接完電話我呆住了。

我能夠理解這群人為何對科羅拉多州火大，因為一項即將投票表決的州憲法修正案，將限縮同性戀者的公民權。我不解的是，他們怎麼會以我做抗議對象。他們唯一得知我要參加葡萄酒研討會的途徑，就是看到美國運通的《美食美酒》雜誌利用我最近在廣告中的曝光機會，宣傳我會在亞斯本擔任講者。我讀過那個修正案，恰好也同意示威者的立場，沒想到自己居然成為被抗議的對象。

聯合廣場餐廳前有抗議封鎖線？我百思不得其解。抗議者的想法似乎是：「如果可以向丹尼・梅爾施壓，讓他退出亞斯本的活動，就更容易說服選民支持我們。」可是我的葡萄酒研討會跟這爭議性修正案並無關聯。我知道不論我決定參加還是不參加，對科羅拉多州民決定怎麼投票都不會有影響。

有好幾天我被這件事弄得心神不寧，而且情況一分一秒都在惡化中。荒唐、憤怒的傳真排山倒海而來，指控我有「同性戀恐懼症」，還威脅要對我的生意不利。有些傳真說，倘若那個修正案跟猶太議題有關，我早就會拒絕去亞斯本了。聯合廣場餐廳辦公區的地上堆滿亂七八糟的感熱傳真紙，簡直就像《摩西五書》（*Torah*）自己從傳真機上跑出來。我無計可施，便和美國運通及《美食美酒》的朋友聯絡，大家都同意，雖然我有心履行講演的承諾，可是最好還是待在家裡。

我念過政治，也做過政治，了解運動活躍人士需要施力點：一個好的議題。然而這次抗議，已經使美國運通（和我）原本為消除飢餓所進行的正面媒體宣傳遭到扭曲，讓我非常擔心在媒體曝光可能帶來的負面效應。

十二年後又發生類似的事。二〇〇四年夏末，密蘇里州參加共和黨大會的代表團租下藍煙開派對。我們接下這個案子，一是因為那週紐約各餐廳沒有什麼生意，而做這個派對利潤很高；二來因為我老家在聖路易，這層「密蘇里關係」當然沒有話說。

就在大會召開前幾天，密蘇里州通過新的州憲修正案，禁止同性結婚。當消息傳出，密州代表團選了藍煙開派對，男女同性戀運動人士便提早到達藍煙烤肉店正門，給與會人士

「特別的歡迎」。抗議者蛋洗代表們搭乘的巴士，在代表們進入餐廳時對他們大吼大叫。我在餐廳裡等著，準備迎接龐德（Kit Bond）參議員等共和黨客人，所以未看到這一幕。我四下打過招呼後立刻離去，剛走出大門，抗議者便高喊：「可恥！可恥！可恥！」

我大吃一驚，看著他們問道：「在講我？」

「就是你！」有人對著我大喊。接著他們又高喊：「你！你！你！」

一名記者從人群中跳了出來，請我對密州的修正案表達立場。我直言不諱地說：「我反對。這沒什麼可報導的。」

二〇〇五年主張禁止肥鵝肝醬運動人士，開始每隔幾晚便在聯合廣場餐廳和現代餐廳外的人行道上抗議，散發有恐怖插圖的傳單。美國供應肥鵝肝醬的餐廳豈在少數，我們只是其中幾家，卻再次成為抗議者的目標，這是我當初踏進餐飲業時萬萬想不到的。那是成功帶來的一個奇怪面向，也是擁有社會知名度後的風險和諷刺之處。不過成為抗議目標也有好處：這確實打開了讓我們了解爭議性議題的大門。每想到此，不免憶起一九八五年當我說要賭上政治學的學位去開餐廳時，曾引來多少訕笑！

這樣的經驗讓我日後開新餐廳時，總會盡可能地低調。在我事業生涯中，有兩次是經由媒體炒作，使我本身和餐廳成為媒體注目的焦點。第一次是一九九四年七月二十一日，格拉梅西小館開幕。

引發瘋狂反應的是《紐約》雜誌，由卡明斯基撰寫、以往沒有先例的封面故事。正好那期的發行日是格拉梅西小館開幕當天。雜誌封面其實很簡單：一張格拉梅西小館火柴盒的照片，下面有四顆金星，標題寫著：「下一家明星餐廳？」

我們事先並不清楚會有這種封面，不過許多紐約客認為這有公然自我推銷嫌疑；我們彷彿在自吹自擂，給自己四顆星，還自稱是下一家明星餐廳。於是射擊標靶的練習開始了，幾乎紐約所有食評家均緊盯著格拉梅西小館。多數企業老闆，尤其是在紐約這種媒體之都的餐廳老闆，為了出現在《紐約》雜誌封面，產生可能的宣傳效果，可能連殺人都肯做，這種廣告買也買不到。但是，無論這篇報導能夠激起什麼反應，拿它開鍘似乎更令人感興趣。

這個封面故事刊出前一週，我發現自己處境尷尬。我居然是第一個告訴該雜誌食評作家葛林（Gael Greene），會有一篇格拉梅西小館的特寫報導。當時她打電話來問我開幕日，以便在雜誌封底她負責的「Cue」餐廳簡介版，寫一篇宣傳短文。這讓我難以決定：是要第一個告訴蒙在鼓裡的她，已經有人要寫大篇幅報導（那時我還不知道會上封面），讓她生氣沒人通知她；抑或繼續瞞著她，等出刊後再等著她向我興師問罪？

等我全盤托出，她脫口而出：「什麼？」接著大罵主編未把這訊息告知她。我不怪她氣成那樣，可是心中明白麻煩來了。格拉梅西小館尚未送出第一道餐點，就在紐約影響力屬一屬二的食評家面前惹了麻煩。

可想而知，葛林女士在她的評論中攻擊格拉梅西小館；針對的不只是餐廳本身給她的感受，也因自己所屬雜誌的欺瞞行為。主編不尊重她，未事先通知她封面故事，當然加深她對格拉梅西小館的不滿。

至於後續的影響與隨之而來的其他食評家評論，均曾提及格拉梅西小館出現在《紐約》雜誌封面這件事。這些食評家似乎在說：想要拿四顆星，先待我來發表一下意見！格拉梅西小館的生意在這段風風雨雨時期依然繁忙，可惜那些評論分散了我們的心力，使格拉梅西小館未能致力於各種改進，邁向出類拔萃的餐廳。那篇報導大幅拉高人們對這家新餐廳的期待，使我們幾乎注定達不到那些標準。

不過，八年後藍煙烤肉店受到的評論，讓格拉梅西小館事件相形失色。藍煙一開始便受到烽火連天般地批評，考驗著顧客忠誠度及員工士氣的極限。

自我創業以來，這是首次覺得那些批評已經到人身攻擊且有惡意的地步。二〇〇二年三月的某週三，我正飛往芝加哥，準備一大早與家人聚會。祖父健康情形惡化，有些關於他慈善活動的重要事情得討論。我事先知道《紐約郵報》（*New York Post*）那天要刊登對藍煙的評論，所以上飛機前拿了那份報紙。翻到美食版，看到大標題寫著「藍煙搞砸了」，我臉色發白。評論寫著：「我懂得烤肉，這家店根本不道地。」那篇批評文字沒有什麼值得借鏡之處，只讓人感覺很糟。

再拿起當天的《紐約每日新聞》，上面有篇文章說網際網路已成為匿名發表對餐廳感想的熱門場所。文中提到，有個網站上已出現六十多則對藍煙的貼文，其中許多是攻擊性文章。一連串負面並常懷敵意的評論接續出現，造成一種印象，好像藍煙存在的本身就是罪大惡極，它恐怕難以存活了。許多媒體文字的弦外之音是：「丹尼．梅爾算老幾，居然敢開烤肉餐廳？他懂什麼烤肉？看，出問題了吧？嘿嘿！藍煙一定是他的滑鐵盧！」

我不清楚有沒有別家烤肉餐廳曾受到比藍煙更高度的檢視，在美國大多數地方，烤肉店開張是沒有多少人理會的。我努力想從大家的意見裡，找出有正面意義的部分。我知道，當時的肋排的確比不上我們想出如何調整煙囪以後那麼好，可是批評者開刀的對象不止是肋排、豬肉和雞胸肉，他們似乎在質疑我的公信力，以及我在紐約市開烤肉店的正當性。

《紐約郵報》某撰稿人寫道，藍煙的開幕夜是他參加過「最糟糕」的開幕活動。一週後，《紐約郵報》在評論中給了藍煙零顆星；其八卦專欄再補上一拳，指《今日秀》節目的洛克（Al Roker）在「慘遭非議」的藍煙開新書發表會。我覺得很痛心，讀到的全是刀割般的評論，然而不知怎地，藍煙卻晚晚客滿。也許人們不看那些評論，或者根本不在意食評家怎麼說，也可能他們極欲親自前來目睹火車正在失事時的景況。

下一個發動攻擊的是《紐約》雜誌。我家老四培頓（Peyton）開始上托兒所時，學校問奧黛麗願不願意幫忙接待班上其他新生的家長。恰巧有位新生家長是《紐約》雜誌首席食評家普拉特（Adam Platt）。在新生及家長見面會上，老師介紹普拉特先生和奧黛麗認識，我那天有事無法出席。次日，奧黛麗掙扎著不知是否告訴我普拉特對她說的話：「星期一會刊出評論藍煙的文章，不知道你先生會不會喜歡。不過我很欣賞他其他的餐廳。」

那整個週末我輾轉難眠，焦急等候一篇破壞性的評論。週一早晨，普拉特先生在評論中指出，他覺得藍煙的火爐烤肉味道普通，又說雖然我們供應的鮭魚很好吃，可是與他同行的一個朋友是烤肉老饕，連嘗都不肯嘗一口，並對普拉特說：「道地的烤肉菜單上是不會出現鮭魚的。」

藍煙早期顧客的反應類似塔布拉：一半的人覺得如果我們的烤肉更正宗，會比較常來；另一半的人則是更願意光顧不像烤肉店的藍煙。

《紐約》雜誌再度出擊，仍在為其餐廳簡介版撰稿的葛林女士說，藍煙的肋排「軟趴趴的」，又說我一輩子不曾站在火爐前。我再也忍不下這口氣，一定要有所回應。我寫信給尼巴加蒙營的主人莎莉與納迪．史坦（Sally and Nardie Stein），問他們能否找出當年的照片——我十四歲時贏得戶外廚藝大賽冠軍的鏡頭。他們有保存檔案的習慣，居然找到那張照片，並寄了複本給葛林女士，還附上一封客氣的信，說明我過去是技藝高超的戶外廚師。

為開辦藍煙而進行研究時，我曾走訪北卡羅來納、德州、田納西、阿拉巴馬、伊利諾、密西西比和密蘇里州，這趟旅程學到的重要功課就是，大家都喜歡去發掘遠離幹道的烤肉店。喜歡烤肉和可以在不知名的路上探險，這兩者是有相關性的。我漸漸明白，在曼哈頓區內開烤肉餐廳，剝奪了因尋覓或巧遇偏僻但好吃的店所帶來的興奮感。同樣一家餐廳，即使有藍煙初期的一切缺失，若是由餐飲新貴開在布魯克林（Brooklyn）或布朗克斯（Bronx）的偏僻角落，它的出現，不，應該說是被媒體發現後，消息應會傳遍全市：「紐約總算有像樣的烤肉了！」

藍煙彷彿使每個人搖身一變都成為烤肉專家。許多自稱美食家的人，突然紛紛把獨門煙燻技巧、家傳醬汁祕方或各地特有做法，往我這邊送；也有人送肋排來請我試用。有些出於好心、想要幫我的客人，會送來各式涼拌捲心菜、烤肉醬、起司餅乾和馬鈴薯沙拉。鑑於烤肉基本上是美式產物，有一致的標準做法，所以大家都自認有資格評斷烤肉的好壞。像塔布拉就不會有人問：「奶奶做的印度烤餅夾烤羊肉、芥末馬鈴薯泥三明治，灑上現壓萊姆汁和辣番茄醬，不是比這味道好多了？」

有好幾個月藍煙始終是眾矢之的。《紐約客》雜誌極少刊登負面餐廳評論，此時卻在「二人餐桌」（Table for Two）專欄寫道：「藍煙應該開在迪士尼樂園的商店街。」此文登出後，我打電話給《紐約時報》的艾斯莫夫。他在藍煙開張一週後，針對我們十五層樓高的新奇煙囪寫過一篇長長的特稿。那篇文章在我們剛起步時，曾引起過度的興趣和激情（以及隨後的反感）。

我一開口就問他：「你不會評論我們吧？」艾斯莫夫每週評論「二十五美元以下」餐廳，他從不給星級；格林姆斯的每週特別專欄就不一樣了。

艾斯莫夫答：「不會。其實我想寫，可是藍煙那麼有名，所以格林姆斯也會很想寫。」

我又問：「那你說，藍煙是不是真像他們寫得那麼糟？」

「這個嘛，有些地方你需要加強，不過你目前的方向是對的。」他答得很含糊，沒有細說意見。

看過那些評論還會上門來的客人，就只剩下親自發掘這裡出了什麼差錯的怪異樂趣。後來發生一件奇事：居然有同業為我們講話。美麗亞餐廳集團（Myriad Restaurant Group，旗下有 Montrachet 和 Tribeca Grill）的翠西和德魯．尼波倫（Tracy and Drew Nieporent）挺身在「都市搜尋」（Citysearch）網站上為我們辯護，寫下：「我們和他們是競爭對手，可是我不吐不快：藍煙現在和未來都必定是上好的餐廳。外行人是看不懂門道的。」如此忠誠與友好的表態，我們感到吃驚但很歡迎。

事後不久，艾斯莫夫打電話給我：「有兩件事會讓你嚇一跳。我現在真的在寫藍煙的主評論稿，明天就會登出來，登在有星級的專欄，不是『二十五美元以下』。」固定食評家格林姆斯臨時請假，報社請他暫時代筆。

結果，艾斯莫夫給了藍煙一顆星。他的評論代表一個重要的轉折點，原因有二：一是文內不像之前眾多的批評那麼尖酸和憤怒；二是立論公允、不偏頗、具建設性。他寫到藍煙走過的歷程，說明在曼哈頓開烤肉餐廳是極為不易的事，有人更可能說那是瘋狂之舉。他提到，藍煙一開始走得跌跌撞撞，如今已有顯著改進，所以這家餐廳和它引進正宗火爐烤肉到紐約的用心值得支持。他文末的「加油，加油！」這幾個字特別令人振奮。

配合這篇評論，艾斯莫夫還現身本地有線電視新聞台「紐約一台」（New York 1），在電視上說出了重點：「這是《紐約時報》有史以來，第一次給烤肉餐廳一顆星。」二〇〇二年底，普拉特成為第一位重返藍煙的評論家，並針對它的巨大進步熱情地發表文章。他決定性的逆轉協助其他人重新審視早期的言論。到了二〇〇三年，《紐約》宣布藍煙的牛胸肉是「紐約最好的烤肉」。

在任何領域只要有成功的表現，都會導致下一回合受到高度期待和注目。身為贏家卻馬失前蹄，不會像還在力爭上游者跌倒般易於被原諒。冠軍的標記就代表歡迎檢視，必須奮鬥不懈，完成超出預期的表現、出類拔萃的成品：原諒是沒有必要的。

把《紐約時報》過去十年每週品評的餐廳（一年共五十二家），一一找出來，或是彙集《薩加調查》每年「前五名新開餐廳」，再算算如今還有幾家仍在營業，一定很有意思。我推測，為了當初轟轟烈烈開幕、後來卻難以為繼的餐廳，所白費的油墨量必定很驚人。媒體對餐廳的評論，往往流於只有一天壽命的速寫，幾乎沒有人從展望未來的角度去探討。

我注意到有一群食評者，只要免費招待一餐，就可以影響他把評論結果寫為正面。某大報紙的記者在藍煙開幕期間，曾寫下嚴厲的批評，他的判斷或許沒錯，可是如果我們手腕高明一點，說不定就能讓他不要把這些負面意見公諸於世。他來的那一晚，是與一位人脈很廣的宣傳專家同行用餐，此人的客戶涵蓋一長串紐約Ａ級餐廳。我們看到那個記者的評論後，曾請教這位宣傳高手：「我們那天一定表現奇差。究竟是怎麼回事？」

對方毫不拐彎抹角地答覆：是我們還向他們收錢壞的事，尤其他們確實看到餐廳裡到處都有顧客拿著招待券。沒錯。那天剛開店不久，我們沒有舉行開幕派對，所以改為邀請朋友來此用餐，由我們請客。目睹這一切，加上得忍受龜速般的服務後還要付錢，難免激怒那位記者。這一次顯然我做錯了。

塔布拉開幕時，曾給它無星級評分的某位食評家，現在又將評鑑藍煙。他目前替紐約另一家具影響力的刊物寫稿。我透過餐廳業界的人脈網絡，知道他歡迎「免費招待」，用餐是否免費甚至會影響到他評論的語氣。某晚，藍煙的主管發現此人的蹤影，連忙告訴我。在此之前，我從未免費招待過食評家，也知道大多數報紙雜誌，為避免利益衝突，禁止撰稿人接受免費禮品或招待。可是眼看藍煙慘遭修理好一段時間，我決定做個實驗，反正至今我們得到的評價都很糟，若實驗失敗也沒有什麼損失。況且食評家不是政府官員，我推斷請他們吃飯不算犯法。

那位主管遵照我的指示，親自過去對食評家說：「我們老闆對您今晚賞光感到非常榮幸，您首次大駕光臨，他很想免費招待您以示歡迎。」就這麼一次便讓他做出閃閃發光的兩星級評價，那是藍煙早期最好的評論之一。這個策略的效果實在太好了，後來我又試過一次，對象是一位自由食評家，替某雜誌撰稿，結果又是星光閃閃的一篇。兩餐換來兩篇好評。十七年來，我從未藉著請客重振聲譽，如今在這樣的情況下做這樣的事，足以證明被痛批的傷口結疤後依然痛楚。

有些評論餐廳的文章叫人費解。二〇〇五年二月下旬，現代餐廳才開幕不久，《紐約時報》刊出一篇出其不意的文章，重評已營業六年的十一號麥迪遜公園。其實，我期待《紐約時報》重新評鑑它已有一段時日。雷克爾女士在開幕三個月後，曾給過很好的兩顆星（當時主廚與其他員工均很難過，他們原希望拿三顆星，聽到消息後還掉淚），經過六年不斷地發展改進，我覺得我們應該可以獲得三顆星。

這篇評論由《紐約時報》食評主筆法蘭克·布魯尼（Frank Bruni）執筆，前半段讀來就像甜言蜜語，「在這善變的城市裡，若說有人打破了高檔餐廳守則，那此人非丹尼·梅爾莫屬。」他說，我們滋養和照顧客人做法獨到，使客人都成為「痴迷的死忠者」，也使我們得以「不自覺地做到細膩，不刻意地完成精進」。他也注意到訂位員電話裡的聲音帶著笑意，還有大門接待員及侍者微笑的面容。我滿喜歡這篇文章的，至少沒看下半段前的確如此。

突然他的語氣一轉，從甜言蜜語轉為明褒暗貶，再轉為直言斥責。我們的烤龍蝦配檸檬香茅濃湯固然「令人難忘」，可是以馨芳葡萄酒（zinfandel）浸泡過的牛頰肉，味道就像「擺了一天的燉牛肉塊」，雞肉「火候太過頭」，牛雜羊雜的「口感乾澀」。唯有糕點師傅卡普蘭的甜點「純享樂」逃過一劫。仔細批評完我們的菜色後，布魯尼的話鋒再一轉。前面他稱讚我們的款待服務，此時卻反諷地說，我們的態度只是虛有其表。他寫道：「雖然，用餐區來來往往都是面帶微笑的服務人員，不過那種情形不像在跳芭蕾，反倒像在做軍事演練，非常呆板。」

文章最後一句，刺痛了十一號麥迪遜公園的員工和我。我們仍保有兩顆星，但此文不只是一篇評論，感覺上在全盤否定我們待客的真心誠意。我想不透布魯尼責備十一號麥迪遜公園的動機是什麼。他總結這篇評論為：與其說是「抱怨」，不如說是「反思所有待客之道的侷限，甚至梅爾先生的手法也不例外」。我對他的言論感到極端痛苦，眼見千千萬萬的讀者也會讀到，更是心痛不已。說真的，他有又大又響的「麥克風」，我寧可此人是我們的死忠顧客。

布魯尼對我們的死忠顧客倒沒有看走眼；布魯尼刺激了他們採取行動。如果這次我們得到的是三顆星，當然就等於開順風車，會有更多新客人上門；可是我們那一大群死忠顧客，對這篇評論的反應卻是空前的激烈和仗義執言。我們收到數十封信和電子郵件，有人還專程過來致意，他們認為布魯尼的評語離譜，而且跟自己的親身體驗相反。次日早晨，在兒子的學校有個媽媽攔住我，義憤填膺地說：「我們反而更想去光顧你的餐廳了。」

我覺得需要跟員工談談。隨即提醒他們，我舉雙手歡迎建設性的批評，也會據以反省。若十一號麥迪遜公園的牛頰肉太乾澀或服務太慢，我們有責任解決這個問題。我又寄送一則很長的電子郵件給各店主廚及總經理，請他們再轉給各自的團隊，希望每個員工都知道我確切的感受。

我寫道：「布魯尼先生選擇用十一號麥迪遜公園做為分析我們各家餐廳的工具，委實令人不安。他評斷我們的款待欠缺誠意或是動作僵化，他看似要說明我們客人最珍惜的經驗，結果卻是反打我們

冠軍標記就代表歡迎檢視，
必須奮鬥不懈完成超出預期的表現。

一拳。我們的團隊根本不可能那麼厲害，用虛情假意的笑容和機器人式的服務，便贏得成千上萬紐約人的心。」

最後，我引用已故外公過去一再提醒我的話：「別人對你的生意會有許多誇讚，也會有很多不堪的話。你只要記得：我永遠沒有別人說得那麼好，也沒有那麼壞。只要專心一志，堅定立場，努力追求新目標，並且始終正派行事就可以了。」

我希望我們的餐廳，就像開張以來一貫的做法，永遠朝這些方向前進。

CHAPTER 19

鹽罐理論！一貫溫和地施壓

無論你的中心點在哪，自己都要明白並且深信不疑地表達。
與你共事者會知道什麼是你重視的，也會尊重和領會你堅定不移的價值觀。
你對管理經營的內在信念，將指引你度過難關。
對創新的解決問題方法抱持開放態度固然很好，
當你必須犧牲個人核心價值時，便是該求去的時候了。

有效領導的三大要素：一是為企業設定明確的願景，好讓員工知道你要帶他們往哪裡去；二是要求員工負起達成一貫優異標準的責任；三是讓員工了解明確的企業優先要務，以及不容妥協的價值觀。不過，做一個真正的領袖，最要緊的當屬**你在工作上怎麼要求員工，**

在經營事業上就怎麼要求自己。

我二十七歲首次領導自己創辦的公司，為了具備必要的情緒和技術能力，我花費極大的心力。隨著聯合廣場餐廳日漸成長，我發覺自己也需要培養新技能，才跟得上餐廳和員工的腳步。

未滿三十歲前，好友塞塔有天突然造訪，坐在餐桌前聽我抱怨管理員工是多麼令人頭痛的苦差事，對於無法讓全體員工一致理解我要求的優越標準感到煩惱。侍者和主管們（至少有一半比我年長）不斷試探我，想要逼我退讓，令我不堪其擾。

塞塔用改不掉的紐約腔安慰我說：「為這種事生氣是白費力氣，老弟。」接著他舉了一個例子，這個例子深深影響到我對管理的看法。多年來，隨著公司不斷成長，那簡單的一課在這方面曾助我度過重重挑戰。

塞塔指著隔壁擺著餐具的桌子說：「首先我要你把桌上的東西收走，只留下鹽罐。快去！收掉盤子、銀製餐具、餐巾，胡椒罐也不要。留下的鹽罐就擺在桌子中央。」我照他的吩咐做了，然後他問我：「鹽罐現在在哪裡？」

「就在你要我放的地方，桌子中央。」

「你確定那個地方對嗎？」我仔細一看，鹽罐確實比中心點偏了半公分多。塞塔說：「把它放在真正想放的地方。」我輕輕推動鹽罐到看似不偏不倚的中心點。我一收手，塞塔就把鹽罐推離中心點七、八公分。

「現在再把它放回你想要的地方。」我把鹽罐擺回中央。這次他推得更遠，超出十五公分，又問：「現在你想放哪裡？」

我再推回去，於是他說明用意。「老弟，聽好。員工和客人會一直把你的鹽罐移開中心點，那是他們一定會做的事，也是人生一定會發生的事，就像是物理定律！這點你必須認清，否則每次有人移動鹽罐，你就要發火。你該做的不是生氣，而是認清這是無法避免的。你該做的是把鹽罐再擺回原位，讓他們確實了解你的主張；讓他們知道在你心目中，優越代表什麼。如果你願意讓他們來決定中心點在哪裡，那就把這家店的鑰匙交給他們，把這該死的餐廳拱手讓人吧！」

塞塔舉這個例子是在告訴我，餐桌的中心點代表我的核心優越標準，桌上其餘的位置多多少少都代表馬馬虎虎，甚至是失敗。他那有力的一課也教我要保存實力，不要為了人生必然的現象而惱怒：「狗屁倒灶的事總會有的，老弟！」

認識「鹽罐理論」後，我發展出自己的管理模式，並稱之為「一貫溫和的壓力」，以此教導他人。每當人生的鹽罐被移走時，我就用這種方式把它擺回中心點。

我和公司其他主管的職責，就是教導替我們工作的人區分中心點與非中心點，以及隨時不忘把東西擺在正確位置。我明確告知主管們：對於桌面上每樣東西的位置，我毫不含糊。

我預期外來力量會一直試圖改變桌上的擺設，而我一定會讓一切歸位。各位也應該這麼做！這是「一貫」的部分；我絕不會以否定各位尊嚴的方式，把鹽罐再放回中央，這是「溫和」的部分。然而標準就是標準，優越的表現是我們的最高標準，所以我會不斷觀察每張桌面，把所有動過的鹽罐擺回去。這便是壓力。

一貫溫和的壓力，是我個人偏愛的領導、指引和輔導技巧。任何企業的老闆都有責任明確指出公司的核心價值，在改進企業表現、精益求精的過程中，**核心價值如同引導我們前進的河堤**。少掉河堤會形成缺口和濁流，造成航行不易，我要的是流速快而清澈的溪流。河堤不見得會妨礙創造力，我會在河堤兩邊留下充裕空間，以便表達個人意見和自我風格。

任何企業老闆都有責任明確指出——公司的核心價值。

所有企業都需要核心策略，才能做到我所謂的「持續改進中」。對我們而言，那就是一貫溫和的壓力。唯有一**貫**、**溫和**、**壓力**三部分同時運作，才可推動公司向前邁進。少掉任何一個，都會使管理效力大打折扣。如果你一直很溫和，未在必要時施加壓力，你的事業將不會獲得成長或改善；團隊也會缺乏追求卓越的動力和熱情。如果你溫和地施加壓力，卻沒有保持一貫性，你的員工和顧客將得到錯雜的訊息，認為一切取決於當天狀況；並可能不會相信卓越對你來說真的很重要。如果你持續施加不溫和的壓力，員工們可能因此精疲力盡而辭職，進而難以吸引優秀的員工。

領導者必須辨別哪些是他天生的強項，以及必要時必須補足哪些先天不足之處。比方多年來，我從經驗中得知，一貫及溫和是我天生具有的直覺，所以我必須著重於訓練自己，對壓力處之泰然。

總結起來，最成功的企業並非能夠去除最多的問題，而是**最擅於發揮想像力**，**找出解決問題的方法**；經得起考驗的解決方法，需要給團隊成員發聲的機會，並且讓做決策者負起責任。這種廣納百川式領導法絕對是種藝術，會比獨斷式領導花費更多時間，並需要對話、妥協和願意分享權力。

建立解決問題的共識有兩個關鍵，即輔導與溝通。輔導是有尊嚴的糾正，幫助員工精進技能，示範如何把工作做好，以及真心希望讓員工潛能發揮到極致。溝通是一切商業優勢與弱點的根源。無論餐廳、法律事務所、大學或大企業，每當出了問題，員工怨聲載道，十次有九次的怨言都很合理：「我們需要加強溝通。」

我承認自己有好多年搞不太清楚這句話的意思。叫我站在一群人面前講話不成問題，所以我以為自己頗善於溝通，後來才領悟到溝通的情境與內容同樣重要，這就是為什麼上菜前要先把餐桌擺好。**明白誰需要知道什麼，應該在什麼時候、基於什麼理由知道這些，然後用完全可理解的方式呈現這些資訊**，才是高明領導的必要條件。

此外，事先未獲得預警，會使員工對某個突如其來的決定感到憤怒和受傷。員工若抱怨溝通不良，其實是在說：「你沒有預先告知我會做這樣的決定。等我知道時，那個決定已經影響到我，我卻一點心理準備也沒有。」員工通常會願意順勢而為，前提是事先讓他們知道，你何時會丟多大的石塊過來，以及你當初決定丟石頭的用意何在。

進行改革時，唯有令員工相信，這對他們是好的，而不是要拿他們開刀，才能成功。其間沒有什麼模糊空間，良好的溝通永遠是優質款待的要素。

二〇〇四年秋，我應邀上電視節目《今日秀》，與科羅拉多州專精香腸的美食家米勒（Terry Miller）一起談熱狗配葡萄酒的話題。每當我要上電視時，按本性是不太會通知別人。不過那天我沒有事先預告，等於丟了石塊，卻未對即將產生的大浪效應預先發出警示。

七分鐘的節目片段播出後，當天 Shake Shack 的生意暴增，員工卻對遭到什麼襲擊、原因為何，以及該如何準備應戰毫無概念。結果原本應是公關勝利的美事，變成一場災難。廚師的速度跟不上對臘腸突如其來的需求，客人訂好餐後要等很久，而且東西很快就賣完了。凡是靠創意源源不絕而興盛的公司，都需要相對暢通的溝通。一流創意是「專為」人們而生，劣等構想則是為「交差了事」而做。我的員工若事先知道老闆要上節目，可能就會多找來一個廚師，多備些產品，我們就可以多賣很多臘腸，多得很多樂趣。

每半個月我會為全體新主管上課，他們多半才剛接下當上司的重任不久。上課時，我會強調他們的新工作跟以前多麼迴然不同。以往擔任「第一線」員工（廚師、侍者、接待員）時，他們的優先考量是如何為客人完成雙贏的交易。做主管後，他們的主要職責是協助屬下成功。我敦促他們善用本身職位，對團隊產生最大的正面影響。

稱職的主管透過實際作為和體現的精神，可以製造乘數效應，大大增益公司的優異表現；不稱職的主管則會導致恰好相反的後果。首次做主管的人剛走馬上任，通常會出現以下三種情況：

- 嘴上彷彿裝了隱形擴音機。現在所說的每句話，聽得到的人都比過去多二十倍。
- 其他員工則獲得一副望遠鏡。時時刻刻瞄準新主管，保證主管的所做所爲都有更多人盯著看。
- 新主管會收到「一把火」的禮物。它代表了一種權力，必須恰當、一貫而負責任地加以運用。

隱形「擴音機」的比喻是要讓主管明白，我們多麼重視從他們口中說出的話，因此務必讓人人都聽得到。「望遠鏡」是要表達我們預期每個員工以及顧客，都能在他們身上看到反映餐廳價值觀和目標的具體表現。擴音機與望遠鏡帶給主管重責大任，他們的一言一行不可輕怠，人人聽得到、看得見，也會仔細檢驗。假設公司是部影印機，主管便是我們想要複印的文件。對於要把哪些文件放進影印機裡，我們是非常慎重的。

至於那「一把火」，則是管理階層施行一貫溫和壓力的最重要元素。早年我剛入行時，做老闆的經驗不足，所以對我而言，討人歡心遠比受到尊敬更重要許多。我放棄自己的那把火，結果犧牲的是整體的優異表現。主管犯的最嚴重錯誤就是疏於設定高標準，並要求他人負起該負的責任，這將使員工失去學習和精進的機會。員工並不想聽到：「我不讓你學習、不讓你進步，可是日子會更好過。」

我深信已故管理學大師羅伯·格林里夫（Robert Greenleaf）提倡的「僕人領導」（servant leadership）哲學。他認為，組織效能最高的時候就是當領導人鼓勵合作、信任、前瞻、傾聽與授權的時候。在任何階層式組織裡，最高階主管顯然掌握最大的權力。一旦把傳統組織圖倒過來，成為一個V字，老闆在最底下時，就會有好事發生。我的工作變成服務和支援「高」我一層的人，使那些人

顛倒傳統組織圖，成為V字，
老闆在最底下時，就會有好事發生。

得以服務和支援再「高」一層的人，以此類推。

如此一來，最後一層的廚師、侍者、訂位員、衣帽員和洗碗工，便能居於為顧客服務的最佳位置。均衡地結合著不容妥協的標準，與帶給員工信心的保證，可以傳達明確一致的訊息給團隊：「我信任各位，希望你們得勝的意願跟我希望自己得勝一樣地強烈。」唯有不斷鼓舞成員求取進步，並相信他們辦得到，組織才能長保活力。

一九八五年，我第一次創業時，便決心不公開展示權力。我想自己可以不使用「那把火」，成為一個企業主和經理人。多年來，我徹底錯了——待員工如友而不領導他們。所以，現在我會告訴新的經理人：「火就是力量。盡責、適當及一貫地使用它，你將成為團隊有史以來最偉大的領導者。」不要害怕領導和教導，它就如同烹調，火可以增加熱能，闡明和提煉出有助事業成功的想法。

大多數管理問題，都起於不負責、不恰當、不一貫地施放這把火。學習需要時間，但在主管們了解有哪些放火法可用和必須使用之前，他們自己無法充分發揮潛能，也不能協助員工達到最大潛能。主管的火可以像火炬，是一道有指引和教導作用、能帶領部屬前進的光芒。主管可以用這把火提供溫暖及同理心，讓員工放心，也可以像營火用來與員工建立情感，啟發他們，協助他們成長。這把火也可以用來振奮士氣，帶動進取心，建立團隊精神，使大家團結一致，追求共同目標。

主管必須是魔法師，「放火」的方式應是激勵動機的泉源，促使屬下仿效而有所成長。主管亦需學習運用肺腑之火，為自己添加對本行的熱情。**領導者如果欠缺熱情，誰會願意追隨他呢**？

在訓練及培養主管的同時，清楚明確地告訴他們完整一貫的管理模式，是公司成敗的關鍵。快速成長中的公司尤其要注意這點。我愈來愈相信，不論任何團隊都渴望有掌握權力的人，持續指引他們努力的方向，評斷他們做得是好是壞，教導他們如何把工作做得更好。唯一的要求是，全體一律適用相同的規則。

二〇〇四年，我們為了在紐約現代美術館開設多家餐廳做準備。當時館內每天要供應兩千人的飲食，我卻在此時發現有個錯誤一直未加以改正，將使我們在未來面臨很大的問題。不論我們雇用多好的第一線員工，把他們訓練得多稱職，在培訓具備開辦和營運高容量、高水準餐廳必要技能的主管方面，我們卻做得馬馬虎虎。

公司現有的主管人力並不充裕，調他們到現代美術館，必然會挖走現有餐廳需要的人才。這件事令我十分頭痛，倍感自責。我問自己：怎麼會一直未注意到這個問題？公司幾乎是一夜之間，由六百五十名員工增至超過一千人，這使我們必須更專注於加強營運和會計系統、人力資源和技術。於是剎那間，我們不得不優先去培養、教育和輔導主管，而我們在這方面的基礎建設幾乎等於零。好像我們對主管的養成工作，全建立在一個薄弱的假設上：只要是以主管職位聘用的人，就已經萬事齊備，不但了解我們的制度，也能夠清楚說明和傳達公司的價值觀和做事方法。

我的觀念不但錯誤，這種「加水就能喝」的概括性假設，對主管和他們領導的員工也極不公平。此刻是一個轉捩點。

過去二十年，餐飲業最大的變化便是「精緻美食」餐廳集團陸續出現。以前要不就是單獨一家精緻餐廳，要不就是分店很多的連鎖餐廳。那時普遍認為，一個人只顧得了一家講究的美食餐廳，因為老闆一定要時刻待在店裡招呼每個客人、盯著每個員工，並親自檢查從廚房端出的每道菜。

這一切在九〇年代都改變了，餐廳終於被視為正經的行業，因此漸漸吸引更多在廚藝及款待技巧之外，還擁有高學歷及精明生意頭腦的人進入這一行。為了讓出色的員工有成長機會，以免他們不斷流失到可提供「更高階」工作的餐廳，我發現自己從四家、五家，到最後開了六家餐廳。當然，如果我出現在其中某一家，其他各家就看不到我。

雖然我極力否認，但我首次意識到自己不再是純餐廳老闆，而是一家持續成長的餐飲公司執行長。我的熱情和專業身分，一直是基於在大門和用餐區迎接客人，並且和員工密切合作所得到的單純樂趣。如今我的責任擴大許多，而我應對這個事實的方法便是假裝公司其實並未變大。無視於現實，使我個人和公司均處於不利地位。

每當我們開新店時，我依舊刻意把重心放在整個籌備過程，努力使這家餐廳盡可能快速到達最佳狀況，同時擔任執行長去做「大方向」的事，像是擬定和提出未來五年、十年的策略計畫，那實在十分費神。無論如何，我改寫了工作內容，為自己創造了新挑戰。

擔任餐飲公司執行長的工作，並未減低我時時刻刻想要待在自己店裡的渴望。唯一能夠有效經營的方式，便是做一個不與員工、顧客和產品脫節的密切接觸領導者。我一天待在辦公室裡的時間不超過四分之一；直到二〇〇三年，仍在格拉梅西小館地下室的辦公室裡經營五家餐廳、一家爵士俱樂部和一個熱狗餐車，完全沒有任何正式企業架構。

那時候的我總認為，看似聰明的組織（有總主廚和糕點主廚，有酒類採購專員，有一切企業該有的東西限制著主管不得逾越）開出來的必定是爛餐廳。每當我看到「企業」兩個字被用在餐廳上，腦海裡便浮現千篇一律的餐廳形象——沒有靈魂的複製品。

我向來致力於開設獨樹一格的餐廳，經過時間洗禮後，每家均擁有小型店家的特色感。可是問題愈來愈嚴重，使我認清必須想出辦法，一面保有靈魂、一面走向更複雜的組織架構。

我們沒有公關、行銷、IT、人資或其他基礎建設。我希望把公司變成聰明的餐飲集團，由一個聰明的組織來運作，可是我認為這辦不到。當年我確實相信，需要有「笨的」組織，才能維持聰明的餐廳，所以才建立了目前這種組織。

我欽佩紐約和美國各地一些很不錯的餐飲企業，可是那些大集團好像更擅長於建立制度、「連鎖店」和「概念」，卻不怎麼願意花時間去開發人性化、開創性和有靈魂的餐廳。可想而知，由於我對擴大規模的矛盾心理，勢不可擋的成長終於衝撞到我的膽小和惰性。保持原狀已經行不通，也很危險。我必須找到方法，既要有聰明的餐館，也要有聰明的組織。二〇〇三年，距我在紐約開設第一家餐廳近二十年後，我總算承認自己需要轉換個人事業，成為聯合廣場餐飲集團（Union Square Hospitality Group，USHG）執行長。

起初我只是用「USHG」總稱我所創辦的所有餐廳。每家餐廳都是獨立的公司，其中有些另有外人投資，今後仍將保持這種型態。USHG應逐漸成為一家獨立的管理公司，為旗下各餐廳提供一貫的指引和支援，其成敗與我個人和其他人有重大利害關係。我的目標是找一群人輔助我，使我能夠兼顧多家餐廳，這些人必須在某項專長上比我更能幹。

我要一個有能力的團隊，替我擔任「老闆代表」，並根據我的經營風格來發揮他們的長才。經營聯合廣場餐廳前十年，我單獨負責所有現在需要整個團隊來做的事情：

①人力資源：務必使我們獲得最優秀（且適當）的人才，訓練他們成功，並確保公司有健康的文化和環境，使人才得以成長茁壯。

②營運：務必使人與事的運作盡量達到優異水準，發揮最大的潛能。

③會計財務：務必持續提供及時、正確的資訊，以反映公司過去的表現，並協助我們在重視計畫、預算和分析的文化之下，根據這些資訊對未來做出正確的決定。

④公共關係：務必把公司與員工的事蹟傳達出去，讓人們不時提起我們的餐廳，不論他是記者、可能上門的顧客或員工；與其他理念相近的公司建立關係，我們可以和他們結爲「一加一等於三」的生意夥伴。

⑤資訊技術（IT）：務必使我們擁有效能最高的軟硬體，以便於公司對內對外溝通、評估公司的表現。

⑥事業開發：務必使現有事業不要有閒置資金，針對有潛力的新事業構想進行分析和洽談，以維持員工與公司的活力，不斷向前邁進。

⑦社區投資：務必使公司及員工努力去發掘和運用眾多的機會，積極協助我們所在的社區實現最大的潛能。

我終於體會到，公司及餐廳的運作狀態，不一定就是「一方聰明，一方愚笨」。我們必須讓兩邊都聰明。我像所有的事業主、創業者或企業高階主管一樣，必須思考如何訂定贏的制度；向他人闡明，我做的每件事以及我期待他們做的每件事；同時再三地問自己一個重要問題：只要我願意放手，這些事當中，有多少是別人可以做得一樣好或更好的？突然間我不得不逼自己成長。

如果能夠多一年時間做準備，再來當執行長，就太理想了，但是我沒有給自己這種餘裕。當時組織變遷與重新自我定位導致我倉皇失措，那種感覺有如高速火車疾駛時，企圖替它換車輪。這段高度挑戰時期，讓我學到領導企業的關鍵教訓。我經常想放棄，也常幻想回到一九八五年自己在聯合廣場餐廳的前門，歡迎來吃午餐的客人。可是我選擇了正確的道路，也知道不可能回頭。

至今我們旗下的餐廳均各自為政，所以各方面的做法幾乎都不一致。心懷不滿的員工只有一個正規的方式表達怨言，就是直接向總經理或主廚反映。然而若遇到跟總經理或主廚有關的問題時，他們該怎麼辦？這類問題仍會引起我們注意，不過有時是透過不太健康的途徑，比如匿名信、網路貼文，甚至是法律訴訟。我們陸續失去一些不錯的人才，也發現由於被動反應的做法，造成人事問題愈來愈多。

我成為執行長後，馬上擢升波爾斯比文（Paul Bolles-Beaven）從聯合廣場餐廳的經營合夥人，升為USHG全集團的人事經理。我想借重他在與人共事方面傑出的聰明才智、判斷力和敏感度，讓他把這種能力充分施展於整個組織。他主持「圓桌討論」和各種討論會，讓員工有安心發表意見的場合。起先我們從這個過程中，發現若干令人不快的事實，所幸現在的開放作風帶來一絲新鮮空氣，也讓我們得知並處理早就存在的問題。

對多數人來說，
感覺被傾聽比被人同意來得重要多了。

員工之間開始有更多交流，不必再長期隱忍憤怒與挫折感。現在他們有更健康的方式，對同事或管理階層引起的問題，表達自我感受。我的導師（和我們長期顧問）艾瑞卡．安德森（Erika Andersen），曾傳授我一份禮物：對多數人來說，感覺被傾聽比被人同意來得重要多了。

唯有員工相信，領導階層心胸開放，易於接近，歡迎各種意見，公司才能得到他們最佳的生產力。對門戶開放政策光說不練的主管，等於是關起了大門，不願為本身的錯誤負責，也多半不會積極設法讓屬下感覺意見受到重視。我們一貫溫和地向領導主管施壓，要求他們時刻留意員工的期待和挫折感。我們要求領導主管不止是敞開大門，更要走出門去，主動請員工進來。

我認為，招募聘雇人才是決定事業成敗的關鍵要素。而用人方面最要緊的便是主管，因為負責招人和建立企業基調的是他們。無論做老闆的喜不喜歡，主管的表現就代表你能期待員工做到最優越及款待水準。

我們通常約有一五％的人員是主管。由於我認為，有什麼樣的管理團隊便有什麼樣的員工，所以要求人資部門擬出九項決定是否雇用某位主管時所考量標準：

1 具傳染力的態度

此人是否具有我希望散播給全公司的那種態度？我是否想要員工受到這種態度的薰陶？若答案是肯定的，便繼續下一步。

2 自知之明

我瀏覽履歷表時，常告訴來應徵主管職位的人，工作經歷就像是寫了多年的自傳：「你曾經做過不少很有意思的決定。我很好奇，為什麼你會覺得到我們這裡來工作，是你人生紀錄中理所當然的『下一章』？」我也想知道，應徵者為何覺得，之前的這一章已經寫完：「為什麼現在做這樣的轉折，令你感到百分之百合理？」應徵者也許直接表達想要轉到更好的地方發展，也許表示不滿原本所屬的主管。如果他所說的細節與我無關，那從中可以看出此人是否審慎。有時應徵者表示，在目前的雇主那裡事業發展遇到瓶頸，因此決心做對下一個抉擇。對於積極進取和好奇心夠強，會去了解我們餐廳的人，我也很有興趣。最能令我深刻印象的是，把對自己和對我們的認識應用於追求自己想要的事業前途。

3 寬以待人

有智慧的款待這種經營理念，要有樂觀、開放、懷抱希望的掌舵者才可充分發揮。若領導者生性多疑，又自以為懂得一切，此種理念就難以施展。自滿的主管認為，一切已有定論，與他共事的人也一樣。

寬以待人的心態，便是**對別人做最好的假設**；有什麼樣的心態，就會得到什麼樣的結果。如果你假定屬下犯錯，確實是無心之過且出發點是好的，那你就能看到他改正錯誤後更大的進步。反之，如果對屬下做最壞的假設，那得到的就是最壞的結果。我們的主管必須對共事的員工和服務的客人，抱持寬以待人的假設。這可以讓員工有機會誠實面對自己的錯誤，並且為自己的行為負責。

我期待主管們對待顧客也抱持同樣心態。我去過好多家餐廳，顧客若是比預約時間遲到二十分鐘就會挨罵，他或許有很正當理由趕不過來。對於願意到你店裡來花錢的人不客氣，什麼理由都很難說得過去。此時寬以待人的假設也許是：「很高興你趕到了！這一路過來一定很辛苦。」當你把和每個顧客的關係建立在樂觀及信任之上，就能從中獲得最多的好處。

款待是希望、信心、周到、樂觀、慷慨和心胸開放。

當然也有別種經營組織的方式，不少人靠負面管理也做得非常成功。不過多疑者在我們的組織裡不易出頭，因為他們的價值觀，違背我們做每個決策所依據的商業和個人原則，也與我做人處事的方式相左。我的做法當然不是唯一正確的，只不過我個人相信是對的。

4 眼光看得遠

如果經營理念是把員工放首位，顧客其次，社區第三，供應商第四，投資人第五，那代表你是持長遠觀點。

我們開辦餐廳是為長久經營，所以做決策也都從長久著眼。每當我面對涉及金錢投資的決定，在分析可能的回收時都會問這個問題：「這筆投資可不可以帶來今天或明天的收入，還是永遠賺不到錢？」只有第三種情況：永遠沒有回收，對我不具一絲吸引力。

舉個例子，假定你光顧我們某家餐館，侍者不小心把你點的葡萄酒酒瓶上的軟木塞弄壞了。侍者覺得不好意思，你也心生疑問：那瓶酒是不是有問題？這時候我希望侍者坦白道歉：「對不起，我把酒瓶塞弄壞了。我認為瓶裡的酒應該沒有問題，可是不論如何，如果這酒不對，請告訴我，我們很樂意再換一瓶。」假設酒瓶內的酒是好的，那我們可以賺到今天的營收。如果那酒有問題，我們依然有機會賺得明天的營收，因為我們與顧客建立了善意。

這麼做也可以讓顧客無所顧忌地證明自己是對的(即酒瓶裡的酒果真「不行」),使他沒有必要挑戰我們。

善意寬大的假設,幾乎不會產生負面後果。根據經驗,瓶塞壞掉的酒瓶,有九成裡面的酒還是好的。若顧客不肯接受,但我相信這酒仍然可以喝,那大可以放在酒吧上,一杯杯零賣。若酒是壞的,那當初大大方方地為客人換掉,確實是明智之舉。這就是眼光看得遠,**把爭取顧客長久的忠誠度,看成最有價值的投資**。

5 富足感

每家公司最困難的業務之一,就是如何度量和預測現金流量,也就是付清所有開銷後所能支配的錢。在捉襟見肘的日子裡(像經濟極不景氣或九一一事件後那段時間),稱職的經理人和事業主,需要培養能從石頭裡壓出橄欖油的能耐。在我們的企業文化中,如此緊縮的做法,可以考驗我們經營方式所秉持的樂觀原則。我們從經驗中學到,有時灌輸一股慷慨、自信的富足感,仍有可能重新活絡和激勵一家公司的營收。

二○○一年九月十一日剛過,我們每家餐廳的營業額急劇下降,顧客預約人數也大幅下滑。世貿中心攻擊事件發生後有兩個月左右,市中心所有餐廳和商業活動均遭殃。我們各家餐廳裡以塔布拉受害最大,恢復舊觀也最困難。原因之一是,塔布拉(和十一號麥迪遜公園相同）設在投資銀行瑞士信貸的一樓，這家銀行本身的生意在九一一後大受影響，銀行人員也減少宴請客戶。此外，塔布拉令人聯想到印度文化，使它不幸成為九一一後最早遭致反彈的對象。有些美國民眾因無知和恐懼，對恐怖分子的形象產生無中生有的想像，凡是長的符合那種想像的人就會受到歧視，有這種員工的公司也是如此。紐約的孟加拉和印度裔計程車駕駛便是受害者，塔布拉也不例外。

我們想盡辦法不要裁員，可是為了平衡收支，不得不縮短許多員工原定的工時；我們檢討菜單，自問是否真正需要使用像龍蝦這種昂貴的食材？如果十道主菜，可以減少每晚浪費掉的食物因而省下成本，那是否真的需要準備十二道主菜？

我們再分析菜單，看看能否以取消菜色，達到少用一名廚師的目的。菜色減少，需要的人手也變少。後來我轉念一想，像這樣東省西省以求脫困，或許能保住餐廳；但是用消極防禦，來解決客人和營收太少的根本問題，不合乎我的本性。我討厭這樣做生意。

於是我做了一個長期受益的決定：與其給塔布拉一種不足和不確定感，不如為它注入富足感。為了來客少、營收少而拚命擠壓，並沒有收到什麼效果。我是真心相信，富足感能夠使生意變好。雖然不符合預算原則，但是我們開始參與慈善募款活動，比以前加倍慷慨地提供塔布拉的晚餐券，做為慈善義賣品。這是非常有效的行銷法，訴求對象是關心我們的慈善目的，以及可能對塔布拉感興趣的客人。

倘若偶爾光顧塔布拉的顧客參加某個慈善募款活動，發現我們是贊助廠商，也許會對這家餐廳產生一份親切感。

付出愈多，結果收穫愈大。在可負擔的範圍內，應該盡量讓員工和客人看到你對改進依然十分重視。這是從正面、有希望的角度出發，而不是從恐懼以致最後結果真的很糟的角度出發。「勉強支撐」的心態會使匱乏揮之不去；投資金錢、想像力和辛勤努力，創造富足心態，結果就會帶來富足。

不久以前，我們捐出旗下六家餐廳各四張的晚餐券在慈善餐會上拍賣，共賣得一萬二千美元。我們為本身重視的議題出了力，為理念相同的來賓製造了與我們產生聯繫的機會，也成功地向我們理想中的顧客做了廣告。

自一九九二年起，「富足哲學」應用得最有效的，是在紐約市一年一度的「餐廳週」（Restaurant Week）上。全紐約市有一百五十多家餐廳參與這個活動，以二十美元左右的價格，提供三道菜的午餐。每逢「餐廳週」，顧客蜂湧而至，因此多數餐廳都高朋滿座。這絕對是物超所值，大家也覺得跟眾多市民一起湊熱鬧很不錯。可惜有些餐廳，雖提供平價餐點，但是選擇非常有限，藉以控制成本，好賺取些許微利，我們卻逆勢而為。

我認為要給顧客優惠，就要給得大方。

我們在「餐廳週」的做法是提供很多開味菜、主菜和甜點的選擇，而且食物及品質的價值超出二十美元不少。重點在於讓客人有富足感和價值感。

當價錢已經算低的帳單送來時，每位用餐客人還會收到一張謝卡和一張優待券，歡迎他們再度光臨。（比方二〇〇五年，每位客人得到的「回籠」午餐券是二〇・〇五美元）此時客人會想：「今天的二十元午餐已經很不錯了，居然又送一張二十元五分的餐券！」客人確實會再回來。

這種做法有無數次證明，我們付出愈多，回收也愈多，慷慨顯然符合自利。送餐券可以得到兩樣好處：一是獲得接觸新客人的管道並保持聯繫，因為他們要先留下姓名和聯絡資訊，才能使用餐券；二是他們再度光臨時，我們又有一次爭取常客的難得機會。這種客人可能同時帶朋友來。每年大約有八成餐券會在「餐廳週」次一季的午餐時間回籠，使我們每家餐廳的午餐生意年年有成長。

我一向對主管和員工強調，長期成功最有力的一個關鍵在於培養重複上門的顧客，最後變成**常客**。「餐廳週」給了我們做這種努力的大好良機。有些主管問我，如此大方是否值得。我提醒他們，每年餐廳週結束後，我們各家餐廳都是生意更好、更賺錢。不管有多慷慨，我們至今尚未因此關門！

長期成功最有力的關鍵：培養重複上門的顧客。

6 信任

主管如果不信任員工，就很難鼓舞他們賣力工作。同理，員工也很難信賴或追隨不信任他們的主管。如果員工主要的心力放在避免被否定上，就難以長期維持最佳表現。沒錯，做主管的必須有一點點健康的批評力，才可以辨別哪些部屬徇私，哪些為圖利自己玩弄制度。可是懷抱疑懼心態，造成員工個個自危，卻一無是處。

大多數人**為了取悅於人而努力的動機，遠大於為了避開麻煩而努力**。不信任往往滋生更多不信任，最後導致不誠實。主管若不信任你，等於不自覺地設下棋局或陷阱，使員工受到挑戰，必須想出打敗「體制」的辨法。如果自愛和誠實無法讓上司滿意，工作表現良好無助於升遷，那不如

恐懼管理 VS. 信任管理

恐懼：主管與員工是對立的	信任：我們是一個團隊，休戚與共
專制	合作
支配	授權
短暫	持久
自私	施予
匱乏	富足
封閉	表現
指示	傾聽
自滿	學習
悲觀	樂觀
把關者	觸媒者

玩點投桃報李的把戲，也用不信任扳回一城。信任和不信任也是一種「自我實現」的心態。

有些老闆和主管以不斷威脅責難來控制部屬，更糟的是完全不給任何回應。得不到回應使員工神經緊張、失衡，感覺被分化、腹背受敵。許多沒有安全感的主管就是要讓屬下這麼難過。那不是監督，是一種策略，或一種面對衝突的不安全感。無論哪種情況，都只會產生反效果，不能維持健全的工作環境。

我們的主管需要知道，基於恐懼和基於信任的控制是天差地別。在有智慧的款待模式下，判定優異和失敗所需要的管理技巧，經過分析此種差異後，會更為精進。

在基於恐懼的分化式體系中，員工失去享受持續成就感的衷心喜悅，那是為努力而努力所得到的滿足感；也喪失參與團結的隊伍，一起獲得傑出成就的樂趣。恐懼式管理助長腐蝕性、欠缺智慧的企業文化，造成在上位者浪費大量精神去提防員工，員工也防主管。若員工感到困惑或害怕，組織將因此付出高昂的代價。在這種氣氛下，前途看好的領導人往往尚未嶄露頭角便先行求去；好的員工也知道在此難有長進而求去，留下的則是情緒需求可由獨裁專權的主管加以滿足的員工。這些不見得是最聰明、快樂、健康的員工，企業也就不會聰明、快樂、健康。

對我們而言，外面有夠多老闆採取恐怖統治是好消息，這樣我們就更容易請到訓練有素、成就動機強的主管。恐怖統治的老闆，經常都擅長於教導技術。為鐵腕上司做事，你永遠不必擔心搞不清楚他對你的要求。當這種老闆把技術優異的人才趕出門，有些人才可以在歡迎他、鼓勵他的公司，找到另一片天地。很高興他們經常來到我們這裡。

7 肯定的耐心與嚴厲的愛心

嚴厲的愛心，換個說法就是坦白的、為人著想的誠實。意思是：「我非常關心你，所以忠言雖然逆耳，我仍要實話實說。」出於嚴厲愛心的耐心，等於明確向員工表達：我是站在你們這一邊的。我們也特別重視公開明顯的表達肯定，主管們義不容辭地稱讚員工良好的表現。

我曾在肯恩．布蘭查（Kenneth Blanchard）的《一分鐘經理人》（*The One Minute Manager*）中讀到：「抓住部屬把事情做對的行為，是主管的責任。」我贊同這個主張，還更進一步鼓勵主管，當他們發現屬下能夠把某件事持續做得很好，或做得很出色，請第一個告訴我，好讓我知道，也讓我可以與員工聯絡感情，把上司對他們的美言和陳述其表現傑出的細節加以轉告。這會使員工覺得，上司和我都在注意他、賞識他。當我的努力被上司的上司察覺到，那特別令人受用，也構成一股強大的激勵動力。

8 沒有被威脅感

沒有人願意追隨有偏執狂的領導人，這種主管無時無刻不疑神疑鬼，深怕有人把他的火弄熄。我寧願追隨有安全感的領導人，他會把自己的火控制得恰到好處，教導我、為我照亮方向，讓我了解狀況，使我覺得溫暖、積極、敬畏和受到啟發。在這些條件下，我很樂意追隨我的領袖，偶爾甚至去領導他。

領導人如果老是對員工沒有安全感，那員工必然難有最好的表現。凡是防衛心重的上司，就會有一群渴望變天的屬下。好的領袖會坦白認錯，堅持記取教訓，感謝旁人指正，然後繼續前進。

9 品格

為了使主管變成優秀的領導者，我們必須辨別和評估與五種核心情緒技巧有關的重要品格特徵：樂觀溫暖、智慧、敬業精神、同理心、了解自我和品格健全。領導人的品格特徵則有：誠實、紀律、一貫、清楚的溝通、勇氣、智慧、熱情、彈性、愛（與被愛）的能力、謙虛、（自己擁有並能令團隊成員產生）信心，對工作及優異標準有熱忱、正面的自我形象。以上各項所代表的意義，會因人而有略異的解讀，不過整體而言，無論哪種行業，這些都是高效能領導人的理想性格。除非你能吸引關鍵數量的人追隨你，否則做不了出色的領導人。

總的來說，主管最重要的核心情緒技巧是品格健全和了解自我。主管要夠了解自己，才知道什麼能打動他；認清自己的長短處和盲點。要置身於會仿效他行事正直，又能與他截長補短、相輔相成的人當中，這一點極為重要。如何與優秀的顧問為伍，又有能幹的耳目為輔佐，絕對是一種藝術。企業老闆就是依賴這類領導者，提供及時、正確、平衡的資訊，並一貫溫和地向員工施壓，使他得以篤定地推動公司前進。

領導力不能只以成果來衡量，還應考量你所仰賴的人，在完成的過程中有什麼感受。在我們公司爬到高階職位，後來卻難以為繼的人，經常有無法體會別人心情的問題。倒不是他們不關心別人，而是缺少天生的強烈同理心。我們盡可能輔導這些主管，告訴他們哪裡不對。有人過得了這一關；也有不少人過不去。

隨著領導者層級愈爬愈高，上面的空氣也愈來愈稀薄。一個人在組織裡的權力愈大，其管理技巧就愈需要更多**情緒智慧**。基於某種理由，有些人在權威和權力增加後，會強求屬下要尊敬他。當初也是因為他們具有那種博得尊敬的天賦能力，才促成他們獲得升級。強求尊敬會製造緊張關係，使領導工作倍增困難，被領導者也很不自在。

大多數人首次或二次獲得升級，通常是因為技術高超。但是**在權力的階梯上爬得愈高，技術能力的重要性就會降低，情緒技巧則相對升高**。員工都是看風向專家，直覺上就會把「望遠鏡」對準權力最大的主管。如果看出主管的品格特徵和理想有弱點，就會努力設法弄

好的領導者必須反覆問自己這個棘手問題：
「為什麼有人想被我領導？」

熄主管的權力之火，這種事經常發生。我們有時解聘主管，不是我片面決定開革他，而是員工集體認定此人有品格上的缺陷。

主管對屬下有某種權力，這明顯打破雙方關係的平衡。主管務必一貫、公平地行使權力，其目的是為了餐廳好、為了我們的經營方式好。員工則完全有權力，要求管理階層做到更高的標準。尤其以同樣品格理想要求自己與要求別人的公司，更是如此。

這可以形成一個「良性循環」。獲得升級的人，應該不止是因為他有企圖心，更是因為他充分體現了公司的品格特徵。由於主管們願意盡一切力量延續這些品格理想，所以全體都在智慧型款待文化的基礎下互助互惠，像一個「款待體制」般運作著。

CHAPTER 10

翻越錯誤，邁向成功之路

我喜歡將員工視為衝浪手，而非服務人員。

衝浪是種費力的運動，非自願嘗試，也不會有人強迫你成為衝浪手。倘若你選擇衝浪，就沒有理由浪費力氣，妄想制服洶湧的海浪。海浪就像錯誤，你知道過了這一波，必定會有下一波再來，所以回到衝浪板上，為下一波浪濤做準備，才是上策。玩衝浪板的架勢，能比隔壁的傢伙好多少，端視你如何改進技巧和表現自己。

一九九四年九月，我來到德州達拉斯（Dallas），為《聯合廣場餐廳食譜》（*The Union Square Cafe Cookbook*）展開宣傳之旅。聖沙巴葡萄園（San Saba Vineyard）主人雷蒙博士（Dr.

Mark Lemmon）在達拉斯瑰麗酒店（Mansion at Turtle Creek）為我舉行晚宴，我正巧坐在百貨公司大亨馬可斯（Stanley Marcus）的旁邊，他的家族於一九〇七年在達拉斯創立尼曼（Neiman Marcus）精品百貨公司。馬可斯那時已年近九十，超過半個世紀以來，他以行銷和零售的天才，為尼曼百貨拓展連鎖店，把公司的服務聲譽發揚光大。無巧不成書的是，他也很想見我；多年來他常到聯合廣場餐廳用餐，我們卻不曾有機會面對面。

那原本應該是美好的一晚，我置身宴會中，旁邊坐著一位傳奇人物，可是我卻心事重重。格拉梅西小館剛於七月底開幕，部分由於媒體的高度關注，使它正被新聞界修理得很慘，再加上聯合廣場餐廳的業績不甚穩定。我向馬可斯全盤托出，並表示格拉梅西小館才開幕不久，我那麼快就跑到外地來，心中不免內疚。

我說：「開這間新餐廳，可能是我犯過最糟的錯誤。」馬可斯放下手上的酒杯，注視著我說：「好吧，你犯了錯，但有一件事你必須知道：成功之道在於妥善處理錯誤。」

他的話整夜縈繞我心，我一遍遍重複咀嚼。那一晚是我經商方式的轉捩點。問題不在於我天真地相信完美，商場上不可能做到盡善盡美。完美的概念如果用在公司政策上，可能非常危險；愚昧地追求十全十美，難免有礙你的團隊樂意去冒明智的風險。如果員工怕犯錯而不敢放手去做，我怎能期盼他們創造「款待的傳奇故事」？他的哲學總歸一句：成功的關鍵不在於消除問題，而是一種**發揮創意，解決問題，並從中獲利的藝術**。最佳企業便是最有能力解決難題的公司。

的確，做生意就是在解決問題。人非聖賢，孰能無過。若想在餐飲業或任何行業裡成功，就一定得欣然接受：錯誤是難免的。我們務必接受並擁抱層出不窮的難題，並視之為學習、成長和獲利的良機。棒球界的最佳打擊手，可能每上場十次失誤七次，但仍然有三成的終生打擊率，足以進入棒球名人堂。

做生意就是在解決問題！
最佳企業便是最有能力解決難題的公司。

我們也必須防患於未然，因為你永遠無法未卜先知，下一個投出來的球是上飄內角球或下墜外角球。是快速球、指叉球，還是慢速變化球？對我們而言，參與球賽的訣竅在於預期錯誤，駕馭錯誤，以建設性方式加以對應，獲得更優越的位置。

一家公司處理失誤、駕馭洶湧波濤的處事風格，可以決定它的心胸、靈魂和天賦，否則做生意就稱不上一種藝術。在餐飲業下一波浪頭必定會打過來，幸運的是，我們公司衝浪手眾多。

我們各家餐廳經歷過種種錯誤、災難和逆境。有一次用餐區的大型乾燥花擺飾著火，火焰竄升十呎高；我們曾度過斷電和水災；曾為飯吃到一半突然暈倒的客人，召來救護車；我們見過老鼠跑上客人的白色餐巾，在客人沙拉裡發現過甲蟲。在尚未禁菸的年代，有一回聯合廣場餐廳樓上包廂彈出的雪茄煙灰，飛入一盤義大利菜飯中。也曾有醉漢脫下褲子，在前廳的窗戶外，當著客人面前「溜鳥」。如果侍者不小心把湯灑在客人外套上，或把橄欖油濺汙客人掛在椅背上的名牌圍巾，我們會負責送去緊急乾洗。最嚴重的錯誤是，失誤發生後，沒有馬上設法處置，使情況有所改善。

無論發生什麼失誤，它就是發生了。受波及的一方自然想要告訴任何願聞其詳的人，這是可想而知的。已經發生的固然無法抹去，但是我們有能力寫下一個完美的句點，讓結局如我們所願。我們稱此為「寫下完美的句點」。如果我們能寫下精采的一筆，對這位客人就能反敗為勝；當他向別人提起我們的錯誤時，只能著重於我們如何應付得宜。於是，危機變為轉機。

而要把最後的句點寫得完美，必定要發揮想像力，並且把握得體、慷慨及誠懇原則。有時，即使不是我們而是客人的錯，我們也要寫出完美結局。比方有人在吧台弄翻了酒杯，我們會再為他斟滿，就是這樣簡單。有一回，一個小孩在餐桌上打翻汽水，我們替他全家六個人，不管點的是什麼飲料全都斟滿。如果客人吃了餐點卻不滿意，我們就不算錢。我發現，承認錯誤並誠心致歉的話，客人通常都願意再給你一次機會，讓你贏回他們的肯定。有效處理失誤的五 A 守則：

- 察覺（Awareness）：很多錯誤未能解決，是因爲沒有人發覺；如果不知道，就無從著手處理。
- 承認（Acknowledgement）：「我們的侍者不小心出了意外，將盡快爲你準備另一份餐點。」
- 致歉（Apology）：「對於發生這種失誤，我們非常抱歉。」託辭不是解決問題的辦法，找藉口（「我們人手不足」）既不恰當，也沒有用處。
- 行動（Action）：「請先享用這一道，我們很快就會重新上你所點的餐。」提出補救辦法並切實做到。
- 額外招待（Additional generosity）：如果錯誤是服務太慢，我會要求員工加送一道免費甜點或甜酒，感謝顧客不計較。有些更嚴重的錯誤，則可免費送一道菜或一整餐。

大部分的失誤，都很容易解決。但是不管接到哪一類抱怨，我們都有雙重任務：首先是從錯誤中學習，從學習中獲益；其次是設法寫下完美的句點，在客人心目中，取得比未犯錯前更有利的地位。

處理錯誤要花多久時間非常重要。問題發生時，職責所在的經理必須在二十四小時內，盡力與客人取得聯繫。同時我們馬上分析檢討自身的作為，以判斷問題所在。（當棒球投手投出變化球，卻被擊出全壘打，第二天他一定會觀看比賽錄影帶，避免再犯同樣的錯誤。）已經犯下的差錯，怎麼努力也抹除不了，何必等客人第二次、第三次抱怨，把複本寄送紐約商會（Chamber of Commerce）、《紐約時報》食評主筆和《薩加調查》雜誌，投訴你的過錯和疏忽，倒不如主動應對：

① 得體的回應，而且要即時。反正最後一定要解決，愈早處理，代價愈低。
② 寧可過度慷慨。道歉，並提供價值超過原錯誤的補償。
③ 總要畫下完美句點。好事不出門，壞事傳千里。應該善用這股力量，把結局寫得如你所願，以便化阻力爲助力。充分運用想像力和創意，設想如何回應。
④ 從錯誤中學習。把握每個新錯誤，機會教育你的員工。除非錯誤出自品格問題，否則犯錯的人正好提供改進機會，有助於你的團隊。
⑤ 就算犯錯也要犯新錯誤，不要浪費在二過上。

當我們確實聽到旗下某餐廳出狀況時，我總是在聯繫客人之前，先聽聽員工的說法，因為**有智慧的款待文化，首先就要與員工站在一邊**。如果投訴是關於侍者態度不佳，我們會找出事實真相，然後幫助這名員工從中學習。（有時我們發現，是客人本身態度不佳。即使這樣，我們仍然有機會學習，如何更妥當地應對客人難搞的情緒。）如果侍者重複發生同樣的錯誤，像是接二連三灑了東西，或屢屢遭客人投訴態度不佳，就得檢討此人的整體能力，是否足以改進和配合公司的要求。

有時即使責任不在我們，仍要為客人多費點心。某天在塔布拉，有位女子進來用午餐，卻發現錢包掉在計程車上。一個康乃爾大學暑期打工的學生正在櫃台當班，他已經盡量安撫這位緊張得發抖的客人，並保證我們會讓她賒帳，要她別擔心，好好享用午餐。他做得很好，但我覺得還可以更好。我找到塔布拉的總經理賈魯提處理此事，我說：「這個客人會昭告全世界，她去塔布拉吃飯時，在計程車上掉了錢包。我們可以想辦法，把這變成讓她津津樂道的奇聞。」

我沒有給任何指示，賈魯提知道我說這些話的用意何在。他跟客人交談，發現她的手機也掉在計程車上，於是立刻要屬下試打她的行動電話。另一方面，這位女子已入座，她朋友也到了，兩人點了餐。經過半小時不斷重撥，總算有個男人接電話。原來他就是計程車駕駛，現在已開到布朗克斯。他確認錢包也在他車上。

在客人不知情的狀況下，我們派了一個員工前往上城，找到那個駕駛，拿回錢包和手機。

午餐帳單還沒送上桌，她已經拿回兩樣失物。女客人非常驚訝，顯然也十分高興，我們把一場惡夢變成一段款待的佳話。我們付的來回計程車資共三十一美元，但對方給予塔布拉的正面評價口碑，勢必超值百倍。

幾年前某一晚，在十一號麥迪遜公園餐廳，有對夫婦來慶祝結婚週年。領班侍者向他們祝賀，並招待兩人各一杯香檳。他們很高興，這時先生問道：「你們很懂酒嗎？」

領班答：「我很了解我們餐廳供應的酒，需要我推薦搭配晚餐的好酒嗎？」

先生說：「不是的，我有個技術性問題想問。我家有一瓶上好的香檳，預備晚餐後拿來慶祝喝的。不過酒是溫的，所以來這裡以前，我先把那瓶酒放進了冷凍庫，這樣酒瓶會爆掉嗎？」

領班說：「是的，酒瓶會爆掉。」先生緊張地站起來對太太說：「我的天，老婆，我得回家在它爆掉前拿出來。」

領班看到一個畫下完美句點的契機，他說：「兩位是來慶祝結婚週年紀念的，我們希望你們能夠在此盡歡。如果你可以給我地址，我很樂意去你家把香檳拿出來。」

先生說：「好，就這麼辦。」他打電話通知門房。我們的領班搭乘計程車過去，把香檳從冷凍庫拿出來放到冷藏室，又在酒瓶旁邊放了些餐廳的巧克力和一小罐魚子醬，附上字卡：「十一號麥迪遜公園祝兩位結婚週年快樂！」這對夫婦後來變成忠實顧客。

我們處理錯誤時，目標一定是改變事情發展的方向，以求正面的結果和讓人留下值得懷念的正面經驗。

我們最希望從每次克服錯誤中帶給顧客好感，進而建立良好的關係。某個炎熱不堪的夏日，剛巧在午餐時間之前，十一號麥迪遜公園餐廳的冷氣壞了，可是有一百多人訂位。周遭的氣溫超過攝氏三十度，而且靠近正午溫度不斷升高中。對我們的某位主管來說，這又是一次畫下完美句點的機會。

他首先跑出去買了兩個電扇，給兩個汗流浹背的訂位員吹，他們正擠在又小又熱的辦公室裡接聽電話。這個主管憑直覺知道，讓在第一線接觸客人的員工感到舒適很要緊，他們處理的是兩、三週前來訂位的電話。然後他到附近的賣場，買下店裡所有的電池型迷你風扇。

每位客人走進三溫暖（即十一號麥迪遜公園）時，除了聽到對冷氣故障的誠摯道歉，還獲贈一只迷你風扇。結果餐廳的氣氛很歡樂，沒有火藥味。紐約人通常有大度量接受危機或逆境，那天的客人似乎很喜歡每張桌上擺個小風扇的新奇點子。

我的專業生涯中有個考驗最嚴厲的日子，也是一場熱浪來襲。時間在二〇〇二年四月，藍煙才開幕幾週。雖是春天，氣溫卻反常地高，有攝氏三十幾度，但藍煙卻局部停電。我正好離開紐約出差，途中接到消息說餐廳的電力故障了。藍煙和爵士標準俱樂部都訂位滿座，半小時內即將開門。

這兩個地方我們共接受了五百個訂位，現在卻無法提供服務。我電話告知高階主管們，指示他們盡量聯絡（或留言給）已訂位的客人。我們必須通知他們，當晚因停電無法營業，但很願意以他們方便的時間重新訂位。我們決定，當晚仍是出現的客人（結果有將近兩百人來），除了我們的道歉，還可獲得藍煙外賣福袋，內裝烤肉醬和五十美元的餐券。我們也請他們任選當晚想吃的餐館並代為訂位，結果送了七十五位到十一號麥迪遜公園，招待免費用餐。

最後電工和工程師勉強拼湊出一套系統，剛好可送出足夠的冷氣到用餐區，好讓二十多位死忠的顧客入座。即使廚房不通風，工作人員仍專業地餵飽這群食客，在又熱又悶和油煙瀰漫的壓力下，展現出優美的身影。

經營一家以殷勤款待和絕佳服務聞名的餐廳公司，或是為它工作，有時是一把雙刃劍。我敢打賭，我們接到的抱怨信不會少於其他餐廳，原因正是我們把優異的標準訂得非常高。絕大多數的投訴皆有共同特徵：不論出了什麼問題，由於客人心裡已預設高度期待，我們卻未如預期，結果必然是「徹底失望」。他們來投訴是對的。

一九九五年格拉梅西小館剛開幕不久。某天午餐時段，有一桌坐了六人，請客的女主人告訴侍者，她不喜歡所點的鮭魚，想要換成別的餐點。一個當班的經理知道後，要侍者不要刪去帳單上鮭魚這一項，因為餐食本身並無差錯，而且她已吃了大半盤。身為那天商業聚餐的主人，她為避免場面難看，沒有當場挑剔帳單，離開時她還接到一個打包的袋子，裡面裝著剩下沒吃完的魚。一切清楚明白，這是故意的。後來客人寫信給我：「我不敢相信有這麼侮辱和整人的事，我從來沒想到你的餐廳會是這樣。」她被人設計，我知道後倍感羞赧。

這事件造成我事業上的一大重要關鍵。以前款待只不過是個人直覺，我還說不清楚款待或非款待各代表什麼意義。那我如何明確交待員工呢？這時我剛開始同時經營兩家餐廳。聯合廣場餐廳開張前九年裡，我永遠待在現場，親自監督和處理事情，並以實際行動向員工示範，卻很少口頭告訴他們該怎麼做或為什麼要這樣做。我從來不必明文規範，什麼樣的錯誤或危機，應當如何處理。

在緊接此事之後那一週的管理會議上，我想到團隊中有許多人，也會採取跟這個經理一樣的處理方式。食物沒有問題，她又已經吃了大半，為什麼要從帳單上剔除？這與我相信「給的愈多、得到的就愈多」的想法相反，他們在乎的是如何保住自己的獲利。這種模式適用於某些人，在各種行業均不乏擁護者，但我完全不能接受。我不認為想要謀取最大利益，過分慷慨就一定優於拚命自保；可是我決定在我的餐廳要以慷慨為行事原則，至今這對我們的成功一直很有幫助。

你有長期待在這一行的打算嗎？如果著眼於長久的成功，那多一點短期投資絕對值得。我堅信付出多少，就能回收多少；想要多收穫，請先多付出。秉持慷慨精神，適切地解決問題，是為生意贏得持續人氣最有效的利器，這很少有例外。身為公司領導人，我知道自己有個極為重要的角色，就是及早訂定不容妥協的標準。那麼員工如果覺得不自在，即可走人。這次鮭魚打包事件，比任何一次失誤所造成的影響更令我體會到，必須清楚地表達出我的核心價值觀和願景。

多年來，我們的訓練已改良很多，也把規則對員工講得很清楚：如果客人不滿意所點的餐食，一定不列入帳單。侍者有責任不等客人說出來，就意會到客人的不悅。幸好款待的缺失並非每天發生，雖然如此，我們仍有很多其他的事例可供學習。

在塔布拉早期，主廚卡多茲堅持他和屬下無法為超過八人的大桌做出好菜。他出身老式嚴格的法國派廚房管理傳統，又在很高級的 Lespinasse 餐廳做了七年二廚。我了解卡多茲的恐懼，但不知道他的立場。當一桌八位或兩桌六位客人同時光臨，他們點的餐可能造成整個餐廳作業的壅塞失序。要為太多大桌烹調菜餚和控管上菜時間，很不容易。這需要廚房和用餐區各崗位精確地配合，而且人數少的桌子，上菜可能就被耽誤。

我們一直配合卡多茲對人數的限制，直到有一晚，一位最忠實的老顧客預訂了一桌八個

在我的餐廳要以慷慨為行事原則，這對我們的成功一直很有幫助。

人，但他們抵達時卻多出一位。卡多茲堅決不讓侍者領班安排他們入座，於是那九個客人除了離開，別無他法。

這種事發生在任何人身上都不應該，偏偏那晚的主人是馬里斯（Fern Mallis），他擔任極具影響力的美國時裝設計協會（Council of Fashion Designers of America）會長已超過十年，也主持在布萊恩公園（Bryant Park）舉辦的美國時裝界盛事「Seventh on Sixth」發表會。他是我的朋友，也是我們餐廳的老顧客，馬里斯很失望也很生氣。

當我得知此事，立即約見卡多茲。我的意思堅定而明白：為了客戶的利益，政策是可以改變的，開餐廳的宗旨是滿足顧客的要求。卡多茲開始時仍堅持己見；不過他是明理的人，聽進去我所說的話，了解到他不客氣的反應對客人有何影響，因此做出一百八十度的改變。此後塔布拉想出辦法，可以接待九人、十人、十二人，甚或十六人一桌，而不致犧牲品質。卡多茲充分配合，是塔布拉待客成功、得以獲利的一個主因，但是得罪一位忠實顧客很不應該，幸而我們學到教訓，使餐廳更上一層樓。

至於馬里斯，我向他認錯、道歉並處理錯誤，我對他說：「實在很糟糕，很不好意思，我們做這種決定大錯特錯，真不希望你因這次事件就不再來。下次我請客。」倘若任何人因這種閉門羹而永不上門，我也不會怪他。

比這種更不堪的過錯，是關係到人格，如偷竊、欺騙或對客人不敬。二〇〇〇年秋天，

《美食家》雜誌一篇報導指稱，在臨時上門的顧客得知沒有預訂即無座位後，聯合廣場餐廳某侍者領班，收受了對方五十美元賄賂（趁握手時遞送）。那位客人就是寫報導的記者，他隱匿身分到好幾家頂尖餐廳探訪，哪裡的桌位可以收買。

讀到這篇報導，我坐立難安。聯合廣場餐廳當眾遭到羞辱，我們卻不知文中指的是誰。這迫使我們必須詢問所有前門接待人員（無人自動招認），以了解是否真有此事。可是光是這樣詢問就傷了團隊士氣，我不想像抓犯人一樣。反之，我要把這次事件轉變為團體學習經驗。

我一刻也沒耽誤，為此事寫下完美句點：這次的處理方式是，立刻寫一封讀者投書，《美食家》雜誌即在下一期刊出。我在投書中寫道，儘管有所謂的《美食家》雜誌「突襲成功」，但任何一個員工私下收受小費以提供隨到隨有的座位，絕對違反聯合廣場餐廳的規定。我們對有人違反規定，感到非常慚愧；最重要的是，要向過去開業十五年來，成千上萬按規矩向聯合廣場餐廳訂位的愛護者，表達歉意。

在我認識撰寫此報導的法勒（Bruce Feiler）後，這個故事有了很圓滿的結局。法勒後來又在《美食家》寫了另一篇對聯合廣場餐廳的報導，他為此滲入我們一般員工當中，以了解深藏在「款待文化」背後的祕訣。他以這篇作品贏得詹姆斯貝爾德獎，可算是不錯的完結篇。

我也注意觀察其他公司如何處理錯誤，從中受益良多。有一回我到上東城的布魯明戴爾

（Bloomingdale's）百貨公司買廚房用具。我買了好幾樣東西，包括一個電動攪拌器。數週後，奧黛麗要用它來做蛋糕。當她首次打開攪拌器的包裝盒，才發現裡面沒有附任何刀片。

她一直抽不出時間，直到過了七個月，等孩子開學後，才拿回布魯明戴爾去換。她找到家用品部門的女售貨員，打開盒子並開始解釋：「我前一陣子很不舒服，暑假又出城去了，而且找不到收據，現在才有時間拿來……。」

女售貨員打斷奧黛麗，用一種我聽過最和氣的方式回應：「不用解釋啦！妳連盒子也不必帶來，只要打電話給我們就可以了。現在我馬上給妳換兩片刀片。」

奧黛麗聽了非常高興，結果又買下五件家用品。這個故事還有更棒的發展。當售貨員看到奧黛麗在瀏覽一套烤肉鉗和抹刀用具時，她說：「這套用具今天特賣，妳有折價券嗎？」

奧黛麗說她沒有，售貨員說：「可惜，不然可以打七折。等等，我到後面幫妳找找看。」於是她走過去，把樓層展示品中的兩片刀片取出來，回來時手上又多了折價券。不用解釋！

只要願意用心，總找得出解決之道。

另外一個企業懂得克服錯誤的好例子是捷藍航空（JetBlue）。這家公司剛開業不久時，柯雷恩有一次訂了飛往佛羅里達的班機去探望父母。臨行前一天，他接獲電話和電子郵件，要他立刻與捷藍航空聯絡。該公司首先確認他有訂位，然後承認出了差錯。經手人告訴他：「我們重複劃位了。」她讓柯雷恩選擇：第二天照計畫上飛機，或放棄那班飛機的座位，以交換一趟免費赴佛州棕櫚灘（Palm Beach）的飛行。

通常大多數航空公司，不待旅客登機前一刻，甚至等到所有旅客登機後，才會處理重複劃位問題。柯雷恩說，這是第一次，航空公司會在二十四小時前聯絡旅客，讓他有所選擇。柯雷恩選擇放棄訂位，得到免費飛行，而且幾乎沒有攪亂原訂計畫。他在原訂航班後兩小時順利成行。

不論布魯明戴爾百貨公司或捷藍航空，它們切實遵行五A守則，為奧黛麗和柯雷恩畫下完美的句點，更為本身贏得忠實顧客和熱情信徒。柯雷恩這次經驗也促成我們公司與捷藍航空建立強而有力的商業關係，現在這家航空公司贊助我們的「大蘋果烤肉派對」（Big Apple Barbecue Block Party），以及十一號麥迪遜公園一年一度的秋季豐收（Autumn Harvest）晚宴和慈善拍賣會，支持解救飢餓的組織「分享力量」。

馬可斯先生一點也沒錯。企業把錯誤當成修復及加強關係的機會，而非任其破壞既有的關係，此為邁向成功和獲利之路。**錯誤是我所知的最佳工作保障**。就如同海上的浪濤，我們可以篤定預言，無論何時，當你正面對錯誤時，永遠都會有下一個錯誤在後面等著你。只要下定決心，以擅長處理錯誤來彰顯自身和公司的特點，就能夠擁有穩當永續的工作。

CHAPTER 11

熱情款待的完美循環

每種行業都有跟客人第一線接觸的員工，他們可以是媒介者或守門員。媒介者是成人之美；守門員則是設立屏障，不讓別人進入。我們要找的是媒介者，而員工必須負責監督自我的表現：在做這件事時，我是以媒介者還是守門員的姿態出現？在款待的世界裡，沒有介於這兩者之間的模糊地帶。

我們對以下五種主要利害關係人最有興趣，並且希望表達最用心的款待。依照優先順序排列如下：

①員工
②顧客
③所在社區
④供應商
⑤投資人

就像任何理性的生意人一樣，我希望餐廳能夠獲得很多利潤，最後為投資人創造永續的投資報酬。不過在有智慧款待的模式下，唯有先照顧好前四種關係人，才顧得到第五種（即公司投資人），並帶給他們穩健而持久的收益。如果採取不同的先後順序，就會打破這個良性循環，嚴重破壞公司達到優異、成功、善意和保有靈魂的機會。

為什麼要以這種順序來照顧利害關係人？員工的利益必須在顧客之前，是因為想

完美的循環

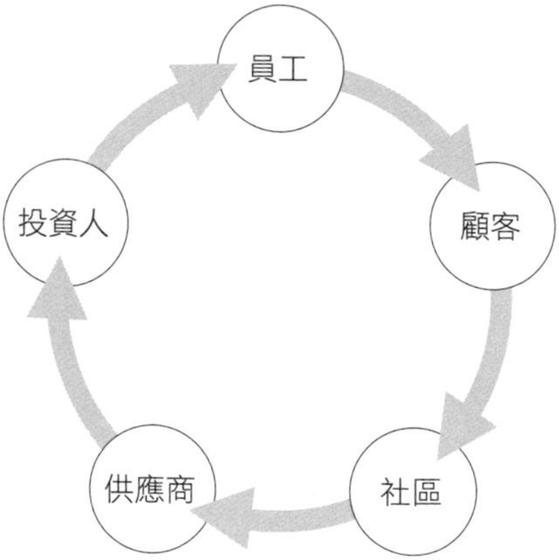

要持續贏得讚譽和生意，並與顧客培養忠誠關係，而唯一的方法就是**先讓員工歡歡喜喜地來工作**。這種歡喜心是積極、熱忱、自信、自豪，以及加入我們團隊感到心安的綜合體。我把投資人的利益放在第五，倒不是說我不想賺很多錢。正好相反，我深信把傳統商業的優先順序倒過來，可以帶來更大、更持久的金錢利益。同樣重要的是，如此得到的成功可以為各種關係人的生活增添具體價值。這種商業或組織邏輯，可以應用在餐廳以外的很多行業。

假定把投資人的利益擺第一，你可能很快地替他們賺到大錢，但是恐怕不能長久，員工的流動率必然很大。一旦他們發現所處的企業文化，不把他們或顧客的利益，放在其他利害關係人之前，很快就會對上班不再感到自豪、積極或熱心。反之，我們的優先順序能使我們提供投資人機會，和擁有傑出員工、熱忱款待、與優秀供應商關係良好、矢志在社區扮演積極有價值角色著稱的企業建立連結。相信這些投資人會感到與有榮焉。

投資人（以及其他四類關係人）也相信，我絕對不會跟有損我們商譽的品牌結盟。例如我們曾有機會跟 Timberland 公司結盟。他們是很成功的公司，產品經久耐用，員工表現出色，注重社區發展的文化也令人佩服，所以不難做決定。我們自然選定 Timberland 供應藍煙的員工制服和出售的商品，如藍煙棒球帽和 T 恤。

我們各家餐廳外來的投資人不多，大部分都是家人、朋友或同事投資。我們很幸運，被吸引來投資的都是能激勵我們的人，他們帶來廣泛的經驗、極有趣的觀點和正直的品格，而且全都帶著一顆支持的心。有這種投資人是我們的福氣。在投資期間，他們勇於分擔預知的財務風險，又提供豐富的個人智慧。當餐廳開始派發紅利時，我是再驕傲不過了。

我必會讓每個投資人都知道，**有智慧的款待是為長期永續獲利而設計的商業模式**，不是一夕分紅或致富的偏方。設計以歷久不衰為目標的高水準餐廳，然後以長期觀點來經營，基本上就要花很多錢。我們的投資人都願意耐心等待，但是他們理所當然希望投資有不錯的長期報酬，我們也覺得有替他們賺得收益的重責大任。我在每間自家餐廳都有投資，所以我與投資人的利益是一致的。

投資私人新創（未上市）事業跟投資一般股市不同。投資人不只要找收益多的標的，還以認同這家公司的整體原則做賭注。我們把五類關係人這樣排定優先順序，可以在最重要的地方建立忠誠度。我們的事業可否永保成功，基本上取決於能夠照顧這五種人的利益到什麼程度。

1 員工

每當我走進一家餐廳或公司，從感覺員工是否專心工作、彼此支援、相處愉快，就馬上猜得到在這裡會有哪種經驗。如果員工會互助合作，那麼我知道獲得好經驗、受歡迎的機率很高。從任何企業來看還有比這更好的期待嗎？喜歡取悅人的員工，即使不是對全部，也會對很多客人這麼做。

遠在能夠對顧客做出有意義的款待前，員工先要體認互相為對方著想有多麼重要。**互敬互信是任何行業組成活力、積極、勝利團隊最有力的工具**，而能夠吸引最有才華的員工者，往往是讓他們得以與同樣有才華的人一起工作。

鑑於大部分人的一生有三分之一的時間在工作，所以影響工作滿意度最大的因素，就在於跟同事一起工作的相處經驗，是否有價值；能夠學習到什麼，一起工作有多大樂趣，以及彼此尊重和信任的程度。當我談到員工彼此照顧時，我會強調全體員工都是公司的一分子，上班就是要發掘互相幫助的機會。

餐廳這行有時相當累人。像廚房裡的催菜員，可能同時有三十五張點菜單瞪著你，每張都要「火速」處理。這表示要給三十五桌送開胃菜，還要協調煎煮區、義大利麵區、燒烤區和沙拉區如何出菜給每一桌。侍者在廚房跑進跑出，打聽二十六桌的菜做得怎麼樣了，又說二十八桌要主菜快上，好趕去看戲。廚房很熱，有多達三十人在裡面忙來忙去，在狹小的空間裡完成艱難的任務。氣氛很緊張。

在這種情形下，員工需要記得，處理完畢所有點菜單的最好方法，就是從互相照顧做起，像團隊一樣合作。聯手合作比餐廳廚房常見的大吼大叫更費功夫嗎？不見得。但是互敬互重的合作，可以長保成功，防止相同的問題一再發生。

我喜歡聽侍者彼此問：「你四十一桌需要幫忙嗎？要不要我幫忙把這些菜端出去？」當互敬互信充分發揮，大家也會不斷找機會幫別人的忙，於是這種具傳染力的精神，便形成企業文化。這種互相幫襯的感覺，會轉換成更好的產品，因為經理會幫助侍者、侍者幫助廚師、廚師幫助侍者、廚師也幫助廚師。當某個侍者忙得不可開交時，附近一定有暫時分得了身的侍者，可以幫忙他。

我永遠不願看到的是，廚師對催菜員不客氣，催菜員對侍者不客氣。不論誰對誰不客氣，即使發生在廚房裡，客人也一定會注意到，甚至感受到員工之間有齟齬。

然而員工來工作，不只為了「款待文化」跟他們有共鳴，令人感覺很好，他們也要付房租。我堅持我們的薪資水準，比其他餐廳要有競爭力，而且在許可範圍內要提供最好的福利，包括所有全職員工都有醫療保險。

在員工流動率高是常態的餐廳業裡，我們有忠心而努力工作的員工，主要原因在於我們了解，**一般人在工作上最需要的是尊重與被尊重**。而知道自己每天忠於職守的工作，不管有沒有犯錯，都受到重視，當然很不錯。我們總是找機會用各種方式，表達對員工的尊重。除了請顧客在意見卡上提供建言，我們也定期與每家餐廳的員工舉行圓桌會議，請他們誠實說出對餐廳經營優缺點的感覺。

我們總是找機會用各種方式，表達對員工的尊重。

在職三個月以上的員工，每月可參加免費餐券活動，到我們旗下的其他餐廳去用餐。交換條件是，他們必須就用餐經驗填寫一份詳細的問卷。我們為什麼這麼重視、甚至需要員工的反應呢？因為很少人比他們更了解我們餐廳的使命，他們的地位也最適合去反應和測量，我們設定的理想和實際的表現。他們是觀察用餐區同事工作、品嘗自己瞭若指掌的食物和評估餐廳整體表現的專家；有機會觀察和感受我們各家餐廳持續一致的款待威力。

從內行人又是自己人那裡聽到或看到需要改進的意見，比先從有廣大讀者的食評家那裡得知問題要好。最重要的是，這個活動傳達一項重要訊息：我們十分尊重、信任和關心員工，願意積極請他們發表意見並予以重視。東西好吃，顧客才肯花錢。

我們也要求員工定期參加人事部門設計的問卷調查。這給員工一個機會，告訴做領導人和主管的，你們表現如何。這是極有啟發性的成績單，提供發人深省、具挑戰性、鼓舞力、偶爾令人喪氣的調查結果。當你勇敢告訴員工，公司秉持什麼理念，有什麼原則不容妥協，然後給他們一面鏡子，他們會很高興反映出實情。

例如說，我們因此得知有主管不聽建言，或不能持續鼓舞屬下達到優異標準；也聽說某餐廳的管理階層疏於維修工作，讓外人感覺我們好像不太看重那個地方。另外我們曾獲得線索，知道某家餐廳遵行有智慧的款待不力，激勵我更加注意管理階層對員工的投資夠不夠。

2 顧客

款待是從真正樂在做好事、把快樂帶給別人開始。無論這是一種態度、行為或天性，都應該成為員工每天來上班最主要的動力。我們努力**以自己想被對待的方式去對待客人**，這個金科玉律歷久而彌新，而且含有深意；不僅對人生很有用，也可能是有史以來最厲害的商業策略。企業經營一如人生，付出什麼就會收穫什麼。我們對每一次商業挑戰，都設法從人性觀點出發，尋找開創性、漂亮妥適的解決方法，並向客人保證我們堅決站在他那一邊。

落實款待承諾的第一線是電話訂位員。多年來，聯合廣場餐廳的主管都得從訂位員做起。接聽訂位電話始終是這一行絕佳的測試關卡：當訂位員可以在電話響個不停的壓力下，不靠眼神接觸和微笑協助，仍能保持客氣，跟客人侃侃而談，就能證明此人擁有在餐旅業出人頭地的本錢。

每種行業都有跟客人第一線接觸的員工（機場閘門的地勤人員、診所接待員、銀行櫃員、高階主管特別助理等）。這些人可以是媒介者或守門員。媒介者是成人之美，守門員則是設立屏障，不讓別人進入。我們要找的是媒介者，而員工必須負責監督自我的表現：在做這件事時，我是以媒介者還是守門員的姿態出現？在款待的世界裡，沒有介於這兩者之間的模糊地帶。

媒介者能否營造雙贏結果，真正的考驗在於讓打電話來的客人相信，即使訂不到想要的日期或時間，但我們已經盡力了。有一年，聯合廣場餐廳得到的佳評中，《薩加調查》引用了其中之一：「如果達不到顧客想要的，訂位員還會覺得很難過。」這使我感到非常驕傲。

我們在用餐區的基本待客之道，是給客人一個親切舒適的環境。這要靠控制噪音和貼心設計的座位安排。我對於噪音的看法跟大廚師試鹹淡一樣：多了太鹹，少了沒味。客人交談如果要大聲吼叫，或者必須不自然地輕聲細語，以免被鄰桌聽到，都會覺得不自在。若音量控制得當，那每一桌的客人就能包在隱形的私密罩裡，暢所欲言。相反地，噪音太大會侵犯到別人的空間，干擾別人的談話，使氣氛緊張，亦非款待之道。

在音樂方面，我們可以控制播放的音量，也費很大心思設法以吸音器材降低噪音（如掛布幔、在桌面下椅背後釘上吸音纖維等）。我們在葡萄酒牆後貼上吸音磁磚，並在天花板和牆上有用之處做特殊處理。地毯感覺太正式，會吸氣味、又很難打理，所以我的餐廳不太用地毯。地板做吸音處理可以解決很多噪音問題，不過純粹基於個人品味，我們的地板幾乎都是用硬木或磨石子。

餐廳座位的安排，對於客人是否舒適用餐也十分重要，並且有利於塑造社交環境。我們在設計每家餐廳時，都刻意使座位安排有如在一個大區裡分為許多小區。走進我們任何一家餐廳，都可以看見各自不同的用餐區，讓人在大空間裡，仍能感覺較親密和較人性化。這種模式和大小可以使客人覺得安穩，也鼓勵員工與客人、客人與客人之間建立真正的聯繫。畢竟餐廳除了烹調食物和清洗碗筷之外，必須提供公開社交的環境，才能有別於在家裡吃飯的經驗。

我不喜歡桌子排得太近，以致客人無法做私密交談。這是餐廳對客人最待慢的地方。假定你看到某家餐廳有長長的一道牆，沿牆設置一排排的座位，那往往是為了以最經濟的方式容納更多的客人。而為了擠進最多的桌位，大部分餐廳都選用容許範圍內最窄的餐桌，沿著牆邊排列座椅。

可是要放得下所有食物（加上麵包奶油、葡萄酒瓶、花卉、鹽和胡椒等）的桌子，不但要窄還要長，於是客人與一起進餐的朋友距離有兩倍之遠，與兩旁別桌客人的耳朵卻非常貼近。除了旁邊的陌生人，幾乎不可能跟任何人親近。這是非常糟糕的待客之道。

十一號麥迪遜公園的空間像典型的大眾餐館，我們的構想是擺放長型座椅。決定餐桌大小時，我要求班特爾事務所的建築師，把沿牆座位旁的餐桌設計成比標準尺寸縮進來兩吋（讓客人可以坐得更近的面對面溝通），寬度則比標準桌寬一點。這種空間效果細微而又顯著：與同伴坐得較近，與兩旁鄰座坐得較遠。這種方法也有控制餐廳噪音的作用，朋友交談不必大聲嚷嚷。

很多人喜歡坐在角落裡，所以我們每家餐廳就設法安排愈多角落愈好。與其設計成一個大通間，不如在大面積裡營造許多小區間，就有更多的角落可以利用。像格拉梅西小館就分三個用餐區，十二張角落桌。十一號麥迪遜公園也有三個用餐區，十六張角落桌。另一個設計目標是避免有「壞」桌。我們設法把兩人桌安排在牆邊或是窗邊，很少放在用餐區正中央，兩人同行的客人都想要私密性。五到八人座餐桌則多半位於中央，為整個用餐區提供凝聚力；坐大桌的客人彼此相互支撐，對於桌子所在的位置比較不那麼敏感。

我們招呼客人時，帶給客人的第一印象可以簡單有力地表達出我們是多麼喜歡他。我們的招呼應該讓任何客人聽了，可以馬上肯定地回答這個問題：「他們看到我是不是很開心？」接待員如果沒有誠意、心不甘情不願或裝模作樣地敷衍客人，客人是會知道的。

接待員如果眼睛不看著客人、不面帶微笑、不謝謝客人光臨，就不夠誠意。當他引你入座時，在前面急忙往前衝，讓客人好像是一隻狗被鍊子拉著跑；客人想要趕上，但是總比侍者慢幾步。接待員和客人之間沒有感情聯繫。此外，眼神的接觸則是告訴客人：「我看見你了」。微笑表示你確實很高興看到某個客人。這些肢體動作雖簡單，但在剛開始建立用餐經驗時卻極為重要。

面對一位懂得如何親切歡迎和自然來往的接待員，是很好的經驗。從真摯的歡迎開始；繼而在用餐之中，不時到桌邊來看一下，讓客人知道，如果有什麼需要，儘管吩咐；在客人離開時表示感謝，並請再度光臨，由此畫下完美句點。倘若員工如實做到，那顧客必定感覺自己很重要，而且我們是真正關心他。

仔細檢視訂位單和詳細的顧客資料，可以讓現場主管和接待員在熱忱歡迎及道別時，享有很大的優勢。接待員也許已經蒐集到一些點點滴滴，可以做為很好的初步接觸點，像是：「我知道你從老遠的佛羅里達來。請問是怎麼知道我們這家餐廳的？」或是在說謝謝或再見時，遞給對方一張名片並且說：「希望你下次來紐約時，會再到我們這裡用餐。要來的時候，請告訴我一聲，我可以幫你訂位。」

當客人在網上訂位時，最常提出的特殊要求有兩個：「安靜的位子」或「羅曼蒂克的位子」。這許多年來，有不少客人事先打電話告訴我們，表示準備在晚餐上求婚，我們一定會把這個訊息告訴接待員和侍者。廚房就會特別準備祝賀的飯後甜點，現場經理則會準備一瓶香檳。

對顧客獻上特別的款待，有賴具同理心的員工發揮機警和本能。不管是寫在意見卡上或面對面的表達，我們都切實注重客人的意見。但有很多企業（包括餐館在內）並不想從這樣的回饋中學習。他們的策略是「不要問、不要說」，這傳遞了一個訊息——這些企業不是在找出問題，對你也不感興趣。對他們而言，沒有消息就是好消息。

> 提供特別的款待，
> 有賴具同理心的員工發揮機警和本能。

我不喜歡侍者或接待員在送客時，敷衍地問對方：「一切還好嗎？」客人也許會回答：

「好。」對我們的餐廳而言，如果答案是「好」，就表示我們失敗。假設我們的目標是每次均獲得顧客大加讚賞，那「好」是不及這個的目標。倒不如說「謝謝」和「希望很快能再見到你」比較中肯。

3 社區

我們給員工最主要的福利，不只是在舒適的環境裡提供美食，還有其他的主張。我對新進員工講得很清楚：他們加入的公司會積極關心社區，我們也需要員工以社區一分子的身分，挺身參與社區事務。我們鼓勵員工投身社區，因為這使他們更懂得照顧彼此以及客人。這也是我所知道建立團隊最有效的形式。當員工在正常工作範圍以外，仍一起做事、服務和娛樂，重返工作崗位時，彼此會更加熟悉、更合作無間。他們會變成更強的領袖和更緊密的隊友。

投資社區最好的結果，便是能為社區創造財富，從而帶給公司好運，這是任何企業想要永續經營都少不了的。我們的好運在股東之間激起善意，使他們感到與我們有關聯是值得驕傲和滿足的事。我們在營業據點所屬的社區扮演主導角色，使社區內的紐約市兩大公園恢復了生氣，並由此證明**大環境變好可以讓大家都受惠**。有智慧的款待在這一部分，美化了我們所在的鄰里，轉而使餐廳的生意更好。

我相信替社區做事會使公司獲得回報。若原本不相信是正確的事，那我們根本不可能去做。不過我們也了解，做好事可能有很多附加利益。

任何公司把本身最核心的長處，以合適的推廣形式，應用於公司高牆以外的世界，絕對符合它的利益。像我們靠供給客人食物為生的餐飲業，餵飽社區內吃不飽的人，就是很合邏輯的應用形式。多年來，我們主辦或參加過無數的濟助飢民活動，尤其是「分享力量」組織。大家志同道合，齊心協力，每年送出兩千萬磅以上的食物，給紐約市各教會和收容所的救援組織。我們不強制員工應該或不應該參加哪些社區活動，而是敦促他們在自己認為重要的理念上帶頭出力，也請他們向公司尋求支援。

我們在附近的貝斯以色列醫院（Beth Israel Hospital）推動的愛心晚餐計畫，是前聯合廣場餐廳經理、現任藍煙總經理梅納帕里西的構想。他來找我，相信他的主意會使我動心。我對他說，想出好點子是一回事，執行又是另一回事；我鼓勵他自己出來領導，說服其他的總經理和主廚加入。後來他果真這麼做了。（目前馬克是藍煙的經理人兼合夥人。）

每逢週二、週三的晚上，我們旗下一家餐廳會為安寧病房準備約二十份晚餐，由餐廳義工送至貝斯以色列醫院，供給安寧病房的病人和家屬以及護士和看護工。在情緒上，面對離死亡不遠的病人叫人難過。然而我們的員工得以用這種方式服務他人，有可能讓病人的臉上綻放人生最後的笑容，撫慰痛苦的家屬，其實這對我們是一種恩賜。每次有人去醫院送餐後，再回來上班時，沒有一個不對生命和款待的真諦與影響有更深的領悟。

每當員工發起並號召同事捐款，以參加像雅芳乳癌健走（Avon Breast Cancer Walk）或東北部愛滋義駛（Northeast AIDS Ride）這類活動，公司都會捐出募得款項的對等基金。如果員工出於個人動機請公司幫忙（例如為家有自閉症兒的某人，捐助某特殊學校），我們多半都會首肯。各家餐廳也曾合力舉辦救災募款活動，像是一九九三年美國中西部發生大水災（我是那裡人）、印度西部大地震（塔布拉執行主廚卡多茲的家鄉），我們均立即採取行動舉辦餐會，募集急難基金。

二○○五年紐奧良卡崔娜（Katrina）颶風風災，我們每家餐廳都率先參與「分享力量」組織主辦的全國「出外用餐」夜，拿出營業額的百分之一捐給「分享力量」組織，做為墨西哥灣救災之用。又請員工樂捐薪資所得，結果一共募得三萬美元。這麼做使員工和顧客與我們一起，加入有意義的社區活動。

多年來，我們努力與鄰近社區建立連結、提供支援，使社區本身和我們的生意都獲得好處。最明顯的例子便是聯合廣場，它現在已是曼哈頓數一數二生意興隆的零售區。

早在一九八六年五月，聯合廣場餐廳尚未開始在周六午餐時間營業，但我同意替聯合廣場社區聯盟（Union Square Park Community Coalition）辦一場早午餐會。這個聯盟是當地基層組織，旨在改善聯合廣場內及附近的生活品質，保護果菜市場和附近歷史地帶的利益。我們的餐會菜單全使用從果菜市場採購的食材（比紐約市各大餐館主廚習於在此採購應時蔬果早了很多年），最後募到將近一萬美元，這在當時來說算是不小的數目。

那一天對我來說十分重要，因為早午餐會是我們與聯合廣場產生聯繫的頭一個活動，也為我們餐廳打了不少廣告。由於出席者反應熱烈，不出幾週，我們就固定推出「週六果菜市場早午餐」，所有食物（開胃菜、湯、主菜和甜點）均採用當天早上在附近果菜市場所購買的產品。

聯合廣場向來是紐約市大廚和喜歡新鮮食材者愛來的採購地。迄今我們每家餐廳的大廚和二廚，在五至十月期間，有八、九成的蔬菜水果是在這裡採購。歷年來，我們為成人和學童舉辦聯合廣場果菜市場之旅，也在我們早上舉行的「市場會議」上請農民講解其產品，然後由我們示範如何用於做菜。

我們支持聯合廣場社區，還包括參加每年的「廣場豐收節」，我也是這個活動的催生者之一。一九九〇年代，華許（Rob Walsh）來看我，他曾大力促成我加入聯合廣場公園重新開發計畫，此時則提出幫聯合廣場籌錢的構想。華許是「十四街—聯合廣場商圈暨開發公司」（Fourteenth Street-Union Square Business Improvement District and Local Development Corporation）執行長（這個名稱太累贅，所以大家直接叫他「聯合廣場市長」，後來做到紐約市中小企業局副局長，政績斐然）。

他的原始構想，是邀請附近前四大或五大餐廳的主廚，為每人一千美元的晚餐會掌廚，當時那一帶滿是三星級餐廳。我跟華許說：「不要弄得那麼貴，辦便宜一點，讓很多愛護廣場公園的人也能參加，同時把聯合廣場打造成紐約最美味的地區，好不好？不要每人收一千元，卻只能吸引很少的人，不如一個人收七十五塊錢，吸引社區愈多人愈好。我們應該弄一個大帳篷，容納很多家餐廳，變成像遊園會。也可以請農民參加，告訴廣場附近的餐廳，在果菜市場採買多麼方便。」

那個活動整整十年都很成功。在巨大白帳篷下，有四十五家餐廳和將近一千五百人參加。募款淨額超過十萬美元，分別用於各種改進和復原計畫。阿米須人（Amish）有習俗幫鄰居蓋穀倉以換取鄰居準備的食物，廣場豐收節則變成本地的「公園籌款」習俗，街坊鄰居一起來愛護我們的公園。這一年一度的活動，籌到的錢都用於大筆經費計畫上，像是更新公園照明設備，添加裝飾鐵欄杆等。

一九八〇年代末期時，我參與的社區活動，僅限於擔任聯合廣場開發公司董事，及美國餐飲協會（American Institute of Wine and Food，AIWF）紐約分會理事。AIWF是非營利組織，目的在教導大眾享用美食。我們舉辦烹飪示範餐會募款，並讓消費者跟廠商共聚一堂。記得我們辦過一系列特殊族裔早餐會，每個早晨分別到中國城、小印度、猶太餐飲店、墨西哥餐廳和老式美國早午餐館，去體驗和認識不同文化是如何吃早餐。我們還辦過微釀啤酒試飲會（在大多數人還沒聽過這個名詞之前）、葡萄美酒晚餐會、手工起司品嘗會、香檳晚宴和農民節等活動。

對很多喜愛美食的民眾而言，那是令人著迷的學習時光，而且能夠在紐約烹飪革命濫觴之時，參與這刺激的過程，讓人興奮不已，也對生意有幫助。AIWF理事會是很好建立人脈的場合，裡面有大廚、餐廳老闆、酒廠老闆、消費者、新聞記者、廠商和農民，大家都熱愛美食。參加AIWF全國大會，使我有機會在創業早期即認識各行各業的名人，並建立有意義的關係，對日後事業發展助益良多。

我一向認為建立人脈可以促進人際關係，替企業帶來好運。那時候我對AIWF投入許多時間，後來我領悟到，如果能為濟助飢貧的團體出力，不只是教導來參加活動的人，自己也會得到更大的喜樂。

我首次有機會讓聯合廣場餐廳主導慈善活動，是無心插柳。當時「分享力量」組織在美、加各大城市舉辦「國之美味」（Taste of the Nation）大試吃，那是創新的慈善活動。要民眾付錢來參加試吃派對，四處品嘗名廚做的名菜，這在一九八九年時還是很新的概念。當菲利迪亞餐廳（Felidia）主廚巴斯欽尼許（Lidia Bastianich）邀請聯合廣場餐廳參加時，我受寵若驚，立刻就答應了，因為這是讓新主廚與羅曼諾露臉的大好機會。

不過那次的經驗不是很愉快。我們事前的規畫全集中於運籌安排，很少顧及應該針對的活動宗旨。那次活動在林肯中心（Lincoln Center）舉行，由《好胃口》（*Bon Appétit*）雜誌主辦，目的好像不只是為終結飢餓募款，而主要是該雜誌想要辦高級美食餐會招待廣告廠商。有一刻，我與羅曼諾、二廚里茲（Jamie Leeds）一同看顧火鍋，努力為大排長龍的賓客舀食物，我開始喃喃自語：「我們到底是在幫誰和幫什麼籌錢啊？」

這時在我前面遞來盤子的女客，聽到我毫不客氣的抱怨。正巧她是一九八四年與兄弟比利一同創辦「分享力量」組織的黛比．蕭爾（Debbie Shore）。她把弟弟帶過來，自我介紹。翻過石頭來，我們很快就連起點點滴滴，我發現比利．蕭爾認得我外公艾爾文和舅舅比爾．哈里斯（Bill Harris）。

比利創辦「分享力量」組織之前，先後替科羅拉多州聯邦參議員哈特（Gary Hart），和內布拉斯加州聯邦參議員凱瑞（Bob Kerrey）做過助理，這兩位參議員均支持投資於幼兒（零至三歲）研究和發展計畫。我外公和舅舅曾為這個理想毫無保留地付出。我這次失言，大聲抱怨那天的活動，卻帶來我一生中最特別的學習和領導機會。

我向黛比和比利提起，我覺得他們的主張並沒有彰顯出來，黛比說：「你說的完全正確，有更多人需要知道這個活動是為打擊飢餓。我們很願意為你多做介紹，也很需要你來領導。明年請你來『分享力量』如何？」

隨後兩年，我說服紐約頂尖的大廚來參加，我的說法是：「除非決心向飢餓宣戰，否則不必勉強。」有趣的是，我愈向大廚們強調，不認同這個目標就不要參加，卻有更多主廚願意加入。我們說服世界遊艇公司（World Yacht），答應出借其最大的遊艇「紐約客號」（New Yorker）讓我們駛向勝利女神像，在船上舉行一千四百人的餐會。

我們把票價提升到兩百美元，所有用品幾乎都來自各界捐助：食物、飲酒、拍賣物、設計、花卉、印刷等，連衣帽間的服務生都把小費捐出來。我們找對公司支持這個宗旨，從說服他們成為贊助廠商的過程中募到了可觀的錢。此次活動最後變成美食、商業、慈善和樂事的美妙匯集。一九八九年在林肯中心共募到四萬美元，後來兩年則分別募到二十四萬和三十六萬美元。

一九八〇年代，美國運通卡是精緻餐飲最主要的信用卡，尤其是用於業務交際。但到一九九〇年代初，經濟嚴重不景氣，美國運通的餐飲市占率，被其他信用卡搶走。主因之一是美國運通的態度：「你們需要我，所以我愛收多少就收多少，你們愛用不用。」他們收的商家手續費總是比別家信用卡公司高，如今這種傲慢引起反彈。在波士頓，有一大群餐廳揚言要抵制美國運通卡，還打算戲劇化地剪掉運通卡，丟進波士頓港，演出波士頓茶葉事件（Boston tea party，譯按：美國獨立戰爭前抗議英國稅賦不公事件）現代版。

我不滿美國運通這種態度，另有個人理由。起因是它推出名為「Plus Business」的新行銷計畫。負責我們這個客戶的地區經理說，如果我們同意給持卡人折扣券，美國運通會把「生意加倍」送上門。他們宣稱，運通卡持卡人在我們餐廳的消費，會高過萬事達卡（MasterCard）或威士卡（VISA）持卡人。我無法照他們所說的，發行聯合廣場餐廳折扣券或招待券。他們傲慢的作風令我生氣；那好像暗示：「你們餐廳需要這樣促銷，如果不做，就是傻瓜。」

約在此時前後，我回到聖路易老家去看父親。他正與肺癌搏鬥，我定期會去探望。我對他說，我很氣美國運通，有意加入抵制行動。他搖搖頭說：「我了解你對他們的作為不滿。但美國運通是信譽卓著、十分成功的公司，不會一下子就卜見。他們的實力你一輩子都比不上。如果想要跟他們對抗，那注定失敗。」

但我當時年輕氣盛，我的餐廳天天午晚餐都客滿，我覺得自己很了不起。於是辯道：「我們可以有所作為。況且還有很多家餐廳一起行動。」父親勸我：「你為什麼不想辦法跟他們合作？如果他們覺得你是有心要合作，不是像其他隨便一家餐廳的老闆，也許他們會聽你的。」

我懂他的意思，也意識到有機會做一件最愛的樂事，反其道而行。回到紐約，我跟柏瑞安（Jim Berrien）和芮德（Tom Ryder）見面，他倆負責經營美國運通的雜誌部門，我對這兩位朋友敬愛有加。我再次告訴他們，我剛參加完「分享力量」組織的領袖會議，裡面有很多主廚和餐廳老闆，大家踴躍為這項活動出力，令我十分感動。我也發現愈來愈多同業體認到參加這項慈善活動是一舉兩得，既可以做善事，又可以與顧客建立特殊關係，每個參加者都很喜歡。這種結合社區的行銷模式，似乎是再好不過了。

我對柏瑞安和芮德說：「全美國精緻餐飲業，大半準備起來反抗你們。美國運通要贏回他們的好感，有一個妙計，就是大力支持許多大廚和餐廳業者，已經展現出十分重視的宗旨。現在大家對你們的印象只有：收我們太多錢，又強加行銷要求在我們身上。」我勸他們想辦法，讓公司拿出像樣的金額來，當「國之美味」的全國贊助廠商。

他們覺得這個建議不錯，很快地把此事反映到公司上層，成功地讓美國運通拿出二十五萬美元，贊助全美國的「國之美味」活動。這是一項創舉，因為當時這項慈善活動沒有其他全國贊助者。

不久後，美國運通請我去做一個試播的廣播插播廣告，播出地點在波士頓。他們希望這個節目，能夠消滅波士頓商界仍然一觸即發的情勢。他們保證，這可以提升聯合廣場餐廳的知名度。不過主要是希望我大讚美國運通卡，為我的餐廳帶來「比其他信用卡素質更高、消費更多的客人」。

我拒絕這個提案，因為這麼說會得罪選用其他卡的客人。不過我提出相對的建議：「我願意做，而且是很驕傲地去做，就是談美國運通無比慷慨地支持『分享力量』組織，你們公司與我們業界共同為對抗飢餓而合作，這是何等好事。你們應該為此感到驕傲，我也很樂意為你們宣傳此事。」

他們聽後的表情，彷彿我腦筋有問題。大企業做與理念有關的廣告，當時是聞所未聞。幾個月過去，沒有一點回音。就在我快要不抱希望時，奧美廣告公司（Ogilvy and Mather）一位高階主管打電話給我，表示已經放棄波士頓的廣播廣告案子，現在換成想做全國性的電視廣告宣傳，內容講述美國運通為打倒飢餓所做的貢獻，他們希望由我來拍這個廣告。我考慮了一晚，次日早上便打電話熱切地允諾了。

後來廣告在聯合廣場餐廳拍攝，由一級的大製作公司承作。一開始的畫面是，夜深時分一群人在吃飯，背景處有爵士薩克斯風手在吹奏。接著交叉剪接客人在聯合廣場餐廳享用晚餐，及紐約市民在挨餓的鏡頭。再來是我出面說明紐約飢民的情況，以及「分享力量」組織如何募款。我說：「美國運通慷慨解囊，這些錢確實會把食物和需要的人連在一起。」

美國運通為這次廣告宣傳砸下大錢。一九九三年一月二十日柯林頓總統首次就職時，這則廣告播出，後來同年的美式足球超級杯（Super Bowl）比賽時又播過，有千千萬萬的觀眾看到。星期天出刊的《紐約時報雜誌》（*New York Times Magazine*）和《華盛頓郵報週日雜誌》（*Washington Post Sunday Magazine*）則登了有我照片的兩頁廣告。這次廣告宣傳是我個人的關鍵時刻，使我認識到做生意和做慈善事業，如何產生交集，它也確切地賦予聯合廣場餐廳一個很特別的形象；鼓勵了我和我的團隊，再去尋找其他途徑，加倍為社區付出，而更加不敢懈怠。

我擔任「分享力量」組織的理事，持續積極參與事務，使我有機會遇見一些不凡的思想家。創辦人比利．蕭爾總是能找到不簡單的人，來當理事、工作人員和濟貧專家，他們的主意影響到我們公司如何繼續做社區服務。我把「分享力量」組織看成一個共同基金，專長是打擊飢餓，這有助於我了解他們的做法。這個組織已經做了所有該做的功課，也找出該投資最有效的救助機構。我喜歡這種做法，也佩服他們把企業跟非營利文化配合得如此妥貼。「分享力量」組織真正了解，如何鼓勵企業做有利可圖、與理念有關的行銷。

比利．蕭爾送給我最大的禮物是他了不起的觀念：創造社區財富，是達成持久的社會改革最有效方法。「分享力量」組織不純靠個人的慈善捐款，或政府的獎助補貼（這是傳統但自我設限的募款途徑），反之它鼓勵企業界開創自給自足的營利事業和計畫，以便增加消費者價值、擴充公司生意，並帶給社區一些持久的好處。由此形成一個良性循環，使公司賺錢的利益，連結到消費者想要認同與他有相同理想的品牌。

公司賺錢的利益，
連結到消費者想要認同與他有相同理想的品牌。

我時常看到這種模式起作用。烹調用具製造商客福隆（Calphalon），幾年來在百貨公司出售「分享力量」組織鍋具。除了在包裝上明顯標示「分享力量」

的標記，並告訴消費者，每買一個鍋就有十美元捐給打擊飢餓的組織。這使逛百貨公司家用品部門的客人，會因此購買客福隆的鍋子，而不選擇其他品牌。如果他還不認為客福隆鍋最值得買，那再有一個很好理由：「為自己煮飯的時候，也能幫忙餵飽別人。我何不支持有這種作用的牌子？」這種促銷法造成銷路活絡，客福隆賺了更多錢，「分享力量」組織按比例每年也得到將近二十五萬美元。

一九九〇年代末，有機優格製造商石原農場（Stonyfield Farm）用塑膠包裝的薄膜蓋替「分享力量」組織打廣告。公司創辦人賀許伯格（Gary Hirshberg）認為，每一個薄膜蓋有如迷你看板，可以用來推廣他覺得重要的理念。由於他們同意讓「分享力量」組織在薄膜蓋上做宣傳，使我在一九九八年塔布拉開幕時，決定選他們的產品，做為優格黃瓜醬的主要原料。我們在菜單上註明「石原農場優格黃瓜醬」，他們就讓塔布拉買優格打折。這種安排很划算，雙方都很滿意。

我從聯合廣場公園學到的心得是，舉辦活動，讓人們有好理由到公園來，是十分重要的。因此我們選在麥迪遜廣場公園，舉行年度大蘋果烤肉派對，地點距藍煙只有兩條街，時間是六月中旬某個週末。這個為烤肉迷舉辦的活動，邀請美國十大著名烤肉師傅到紐約，做他們得獎的烤肉。

二〇〇六年，全國有近十一萬烤肉迷，參加了為期兩天的活動，吃下五千磅雞胸肉、三十六頭全豬、將近一萬磅肋排。大蘋果烤肉派對，除了讓大家在公園裡享受兩天的美食和音樂，還捐出部分營收給麥迪遜廣場公園保育組織。前三年共計有十四萬美元，這些錢又用於園藝和辦活動（雕塑展、音樂會、兒童節目、讀書會等）。

由於我們公司持續不斷地投入社區服務，有人就是慕我們社區服務的名而來，希望有機會能成為我們的一分子。對此有所嚮往的人，多半也是天生就喜歡帶給別人快樂。款待的真義在此。

「九一一」剛過的那段時期，許多人自然會對自己的人生角色和職業產生疑問。我就問自己：「發生了這麼恐怖的事，誰還有心情去餐廳？」不過我很快就回答了自己的疑慮。餐廳能夠提供滋養和照顧，給人們歡樂的相聚場所，它做為一種療傷的媒介，反而愈來愈符合當前的需要。

九一一事件的集體經驗使全城放下歧見，比以前更團結。當時，我是推廣紐約觀光的「紐約市公司」餐廳委員會主席。事件剛過那幾週，我們幾乎天天開會。起先我們討論怎麼幫助救災人員和罹難者家屬，後來我們考慮可以為整個業界做什麼。那時許多餐廳門可羅雀，陷入財務危機，市中心區的餐廳受打擊最嚴重。世貿中心雙大樓倒塌後兩個月內，最北直到我們的聯合廣場、格拉梅西公園、麥迪遜廣場一帶，都聞得到瓦礫仍在燃燒的刺鼻味道。

這次的危機如此嚴重，而餐飲業的表現無比地堅強，令人特別感到滿意。紐約各大名廚和餐廳，包括我們的員工都明確知道如何扮演好自己的特殊角色，來幫助和撫慰其他紐約市民們。

4 供應商

有愈來愈多人想要光顧經營理念一致的公司，而不僅只問烤雞和奶油大麥粥做得好不好吃；我們挑選供應商也是一樣。一開始就把企業價值觀和目標講得非常清楚，也試著去了解對方的理念，設法找出彼此的共通點，並且特別重視正直。我們要找團隊由「五一％人」組成、具工作熱忱的先進公司。正如我們請員工加入社區服務，也欽佩會這麼做的供應商。

我們對第四核心團體，即供應商和賣主，表達在意他們的方式，是透過建立忠誠互敬的關係，以及追求雙贏的局面。對此我們最根本的做法，就是說話算話。如果談好特定的付款條件，我們一定遵守。我們表明做得到的部分，等於也約定了做不到的地方。如果發生意料之外的情況，例如冷氣的壓縮機壞了，需要花很多錢修理，導致意外而無法按時付款給供應商，我們絕對誠實以告，並商請供應商同意，另尋變通的辦法。

不久以前，我們有幾家餐廳，把依雲（Evian）瓶裝水換成斐濟（Fiji）瓶裝水。主要是因為我聽到愈來愈多主廚、員工及客人說，他們比較喜歡斐濟牌的味道，因為它似乎「比較解渴」，而且比較不像依雲那樣「油油的」。

多年來，基於忠誠和感情因素，我一直堅持用依雲。我頭一次看到瓶裝水是在七歲時，家人帶我首次去法國旅行。晚上我會在床邊放一瓶依雲，也很喜歡開開關關地玩塑膠瓶蓋。在成長過程中，我就把依雲與到法國的新奇旅行，以及在法國上高級餐廳的記憶聯想在一起，所以開始供應依雲。我認為依雲是一九八〇年代末期至九〇年代初期，美國精緻餐飲地位獲得確立的重要推手。餐廳若想要維持身價，一定得用依雲。那彷彿標示著正宗和肯定的法國戳記。

再說，由於奧黛麗在《美食家》雜誌做廣告業務時，負責過這個客戶，我們與依雲一些很不錯的人建立良好交情。依雲執行長丹尼爾（David Daniel）和繼任者羅德里蓋茲（Mark Rodriguez）都是能幹的市場開拓者，也是自家品牌的最佳代言人。我對他們一直有很高的忠誠度。透過這些關係，我用之前說服美國運通的相同道理，說服了依雲一同贊助「分享力量」組織。

幾年之間，依雲每年花大約五十萬美元，支持對抗飢餓活動，並與產品訴求的上層對象接觸。若產品品質和價格等條件相同，那依雲贊助「分享力量」組織，使他們在我（和其他同業）心目中比其他品牌占了優勢。

後來幾年，依雲的領導和行銷策略發生很大轉變；在法國經營團隊的指示下，他們開始刪減對「分享力量」的贊助，除了減少捐款，也大刪對消費者的廣告預算，取消對精緻餐飲的行銷支持。無怪乎現在我頭一次願意聽聽對斐濟水品質的好評；我們旗下餐廳中，有三家也已換用這個牌子。不過在改變之前，我覺得有必要打電話給「分享力量」的主管，確定不會發生什麼衝突。我說：「我想確定，這麼做不會造成依雲進一步撤消支持，以致害到你們打擊飢餓的工作。」

對方說：「他們已經在減少資助了。你該為自己的生意著想，不過謝謝你還費心打電話來問。」

我們跟斐濟水品牌洽談時，問道：「你們會加入我們，一起支持對我們、對社區而言很重要的理想嗎？我們一定是覺得對你們的生意有幫助，才會提出要求。」他們的回答非常肯定。

現在斐濟牌上場。二〇〇四年，我們請他們贊助我們每年為「分享力量」舉行的秋收餐會，以前都是由依雲贊助。我們基於對彼此關係的忠誠，自問是否應該最後再邀請依雲一次。結果我們決定不問。這時斐濟牌來徵詢，可不可以只捐產品，不捐錢（贊助者通常兩種都捐）。我們非常誠實地說：「依雲從來都是又捐錢又捐東西。現在（舉辦這個秋收餐會的地點）十一號麥迪遜公園餐廳，用了你們的產品，所以我們這次刻意不再找他們，不能讓你們做得比依雲少。那對他們和『分享力量』都不公平。」還好後來斐濟牌找到預算。

這不是一般做生意的方法；大部分公司都是找最好的供應商和最低的價錢進貨。價錢固然是重要的考量，但對我們而言，優異、款待和共同價值觀也是選擇時的要素。

5 投資人

小孩子天性是不喜歡與人分享的。在老師和父母教導我們分享有多重要以前，誰也不願意那麼做。分給別人就表示自己的會減少。隨著耐心、成熟、練習談判與讓步的藝術，大多數孩子最後都會懂得分享玩具、糖果，甚至朋友，可以使生活經驗更豐富。現在犧牲一點，也許將來會得到更多。

我的每一家餐廳都讓高階主管分享所有權，成為合夥人，他可以靠苦幹以及切實有效地奉行企業價值觀以獲得股份；操守、忠誠、資歷久，以及最佳領導統御技巧也都很重要。這些領導人曾幫助團隊的其他成員成功，他們的判斷跟我一致，最主要的是他們站在我這一邊。雖然不算什麼稀奇的領悟，不過我發現領導階層若意見一致，企業興盛的機率就比較高。如果我不與高階領導人分享股權，等於阻絕擴張事業的機會，蹉跎公司名下各家餐廳的潛力。

領導階層若意見一致，企業興盛的機率就比較高。

有許多來源的資金，促成了公司的成長。我做生意從來沒有不自己投入大量資金的。如果連我自己都不願賭某個計畫會成功，怎能期待他人願意投資？此外，我歡迎也鼓勵高階主管投資。那可以讓外界投資人，不論是銀行、組織或個人，在知道負責經營這個事業的人也有投入自己的錢後，感到放心和有信心。

從開第一家餐廳聯合廣場餐廳起，我就邀請幾個親戚入股，以分擔新開店的財務風險。過去我從未創辦過事業，所以他們相信我，很明顯是出於愛和支持多過理性投資。幸好那家餐廳的表現超出預期，所以同樣的投資人後來全部又跟著我，去開格拉梅西小館。

直到同時開十一號麥迪遜公園和塔布拉兩家餐廳，總成本超過一千一百萬美元，我只好向外籌募大筆資金，來進行整建和開店。我先是戰戰兢兢地向祖父借錢，他那時已高齡八十八，之前我從未請他投資我的餐廳。他的反應一如往常很直接、很嚴厲：「你所說的整筆投資我都可以吃下來，可是我不會這麼做。你必須去找非親非故的人，說服他們投資你的計畫。你需要知道這是不是好的投資，但是單靠家人看不出來。等你找到其他人肯投資，再來告訴我，我們再談。」

我很洩氣，不了解祖父為什麼多此一舉把事情弄得這麼複雜？我轉而去找少數幾位朋友，他們擁有必要的資金、精明的生意經和與我長期的交情，看起來像是很好的人選。我對他們解釋，這將是長期投資，回本是很久以後的事，而且前提是餐廳必須存活。

整修建築就要花好多錢，而且為了重振就在餐廳前門外的社區和公園，我們必須扮演帶頭的角色，這又會延後投資獲得報酬的時間。這兩家餐廳有一天可能變成紐約的地標，那時進帳就會很可觀——我們但願如此。對理性投資人而言，從純粹財務的角度來看，這項投資橫跨的時間與其他投資機會比起來，只是略有吸引力。

儘管如此，資金還是像潮水般湧入。大家相信我和我的經營團隊，更高興有機會跟我的新餐廳，還有我們現行的經營法產生關聯。他們也相信這個投資未來回收可觀。

後來我每次開新餐廳都重複這種模式，也把祖父的話奉為圭臬。**我找對外來的投資人，不僅提供我們事業足夠的成長燃料，也擴大了我們的資訊、建言、智慧、接觸和影響範圍**。我對投資人（包括合夥主管和外人）的託付有一份責任感，那磨礪了我做為經營者的紀律，我必須為他們的投資帶來健全永續的報酬。

投資人在款待的良性循環裡，是一個關鍵性的連結。若缺乏信任、滿意和有信心的投資人，我們將無法繼續成長，也就不能讓想要成長的員工得到成長的機會。從我剛開始做生意起，對優異和款待的重視程度，便遠超過賺錢。如今，賺錢依然不是我做生意的主要目標，但是我了解利潤是推動我們一切作為的動力。無論稱之為款待還是自私自利，這便是我所知道最穩當可靠的商業模式。

CHAPTER 12 情境至上

情境、情境、情境！

多年來我聽到的做生意祕訣是：地點、地點、地點，即零售生意成功的關鍵，在於找對地方開店。

我自己的經驗卻顯示，對成功加倍重要的因素是——情境。

跟大多數領導者一樣，我在推動公司營運時，以優異、成長和獲利為目標。不管目標在哪裡，我做執行長的風格，就是帶領聯合廣場餐飲集團，平衡地追求安全、興奮和比較少有人走的路。我把新商機當做學習和探索的機會，而非獲得一張執照，可以無限制、不計成本地擴張公司。我不會不顧一切，拚命想開更多餐廳。那令人感覺魯莽，也使靠有意義的人際互動而成功的公司，幾乎不可能保有其靈魂。我不會只因為辦得到，就隨便答應交易。

一天不可能多於二十四小時，我小心選擇如何利用這些時間，因為那會決定我和同事們使用時間的方式。

我們公司很多的成績，都來自於向某些機會說「不，謝謝」，那些機會看似好得不容錯過，但是實際去做卻非明智之舉。我常想，因為說「不」避免了一些可能發生的錯誤，所以對該拒絕的事說「不」，是否反而讓我們賺到比說「好」更多的錢。**如何做出「不」的選擇**，有很多學問值得學習，分析不去做的交易也是一門藝術。

多年來，我們婉拒了一些極為大方的提議，像是到賭場、時髦旅店、高級購物中心、火車站、體育場、機場和辦公大樓去開餐館。做拒絕的決定，有很多是基於我們對大環境感到不適合。這就好比畫廊老闆買了一幅很好的畫之後，不但要特別小心的裱褙、懸掛、安排最適當的燈光，還必須問一個最重要的問題：這幅畫到底跟畫廊本身合不合？要能夠有信心而且很明確地做這種決定，就得了解公司的定位以及產品和品牌，對利害關係人代表什麼意義。即使情境的感覺是對的，在簽定一個交易之前，我還會就個人的平衡觀，仔細做一番「直覺查核」，因為我知道，新計畫可能在任何方面挑戰我和我的同事。

有時我和高階主管會探訪不下十五次，去了解一個後來未進行的新生意。每一次都是了解新生意詳情的過程，也是一個機會看看「如果同意」感覺會如何。有太多人在投入新交易前，未曾考慮自己的公司是否真的需要，或是應不應該做這筆生意。在探索新生意的過程中，我們會再三查看開設的地點；會見房東、地產商或可能合作的夥伴；聞一聞附近社區的氣氛（事先設想我們將來在此，可能扮演什麼角色）；評估雇用出色員工的可能性和可行性。對新創事業說「好」的標準如下：

① 機會適合，而且可以增進公司整體策略目標。
② 這將是具開創性、有新意、過去不曾嘗試的創業機會。
③ 符合公司在優異方面成長的時機，尤其是當我們有足夠的員工，本身就想要成長也做好準備的時候。
④ 有把握在打算經營的利基市場能夠成為佼佼者。
⑤ 相信儘管在開展新事業，現有的事業也會因而受益和改進。
⑥ 對新計畫感到興奮。去執行可以學習、成長和獲得樂趣！
⑦ 對於在這個社區內營運興致勃勃。
⑧ 大環境十分合適。我們的餐廳風格與所在地點很協調。
⑨ 深度估計分析後相信這個投資明智而安全。

我最大的創業靈感來源，一直是**豐富的個人回憶和興趣**，讓我從中找出投資新事業的點子。例如我一直很喜歡看運動比賽，到現在仍會注意家鄉聖路易紅雀隊的每一場比賽。我偶爾會想到運動場上供應的食物，也許在種類和品質上可以做一些改進。在這方面，現在當然比我小時候進步不少，但還是有很大的成長空間。想必一定有很多人既喜歡運動比賽，又喜歡美食，兩者為何要互相排斥呢？球場上多一點飲食款待，當然不會破壞看球的氣氛。

現在公司既然開始有類似的餐飲經驗：外燴、漢堡、熱狗、奶凍、烤肉，這些都很容易應用於運動場。如果有合適的機會，我很願意仔細聆聽，會不會有利基市場。看運動比賽是娛樂，出外享受美食也一樣。吃美味食物的經驗，可以增強看到自己喜歡球隊贏球的快感；即使輸了，也可以減輕一些痛苦。

有個頗不尋常的生意機會，是由教堂提出，問我們願不願意在他們那裡開家咖啡廳。曼哈頓有若干漂亮的老教堂蓋在精華地段，這幾年來因為上教堂的人變少，閒置的情形很明顯。教堂旁邊多半有一棟附屬建築，可以當做社區中心或接待場所用。

這次教堂找上我們的用意，是希望在隔壁的空間打造一家經營良好又受歡迎的咖啡廳，以吸引更多人上教堂，也為教會增加一點收入。那家教堂跟我們的餐廳在同一區內，這個提議符合我們的社區和「開創性構想」標準，所以絕對值得考慮，但是沒有必要再進一步。再走下去會有什麼結果？哪些員工會覺得轉到這裡是個人事業發展的良機？我們開教堂咖啡廳的熱情在哪裡？

我們也考慮過可以賺大錢的提議，可能在別的城市，像是拉斯維加斯、邁阿密、大西洋城、東京等開我們某家餐廳的分店。從短期財務觀點來說，拒絕這類提議令人感到扼腕，但是因為時機或情境不對而無法說「好」。

比方拉斯維加斯，那裡是全世界推銷夢幻最成功的城市，這使講求靈魂的正規餐廳不太可能存在於此。基於我們長期以來在紐約經營成功，依賴的是給人一種實在感，而不是靠出售夢幻，所以那裡的情境就不太適合。尤其我們有些餐廳，明顯是以所在地命名和開辦。聯合廣場餐廳、格拉梅西小館和十一號麥迪遜公園，都不是概念型餐廳，而是屬於社區的餐廳。我必須了解並依此行事。

當然也許會出現某個時機，是情境、時間點和價值感都適合我們去拉斯維加斯或東京開店。比如當地外食人口似乎崇拜一切「紐約」的東西時，我也不排除可能在拉斯維加斯開藍煙或塔布拉的分店。我覺得當地的情境，較合適有強烈主題的餐廳。畢竟在紐約開烤肉店和印度風味餐廳，需要不按牌理出牌，拉斯維加斯也是。那種挑戰可能很過癮。但是我在踏出第一步前必須十分小心，首先要有十足把握，比如藍煙在紐約已經站得很穩，生意源源不絕。其次，我得有信心我們的組織夠深入，夠懂得管理和烹飪技巧，這樣我才不必時常往拉斯維加斯、東京、倫敦或其他地方跑。如果需要到處跑，那不僅會影響我對公司的平衡感，也會損及個人平衡，和盡量與家人多相處的個人願望。

另外一個認真的考量是，不論在何時何地開新餐廳，我們都必須在各層級有人才和能力，達到客人對高品質的期待。再者，**如果現有的事業未能與時俱進，那擴張就失去意義**。且拿汽球做比喻，除非吹滿氣，否則不算是汽球，可是氣灌得太多，汽球又會爆炸。由於曾親眼目睹父親生意擴張太快的後果，所以我自己很怕灌太多氣到我們的汽球裡。我們的同業時常因擴張太快而關門；擴張太快往往造成品質受影響，組織也承受不了。

擴張就像汽球，吹不滿或氣灌得太多，都會使擴張失去意義。

身為公司領導人，我當然學會要有適度的急迫感和當機立斷，但是我寧可先與不同的同事取得共識，他們獨到的有利觀點讓我更有信心勇往直前。建立共識的過程也許很冗長，可是只要每個決定的精神符合我的理想，納入別人的意見，可以使要推動的計畫有更多人明白，並且獲得將來執行者的支持。每當我召集顧問小組，對要不要進行某個新交易提供意見，結果總是能夠做出最精明的決策。

首先，我會請主管策略事業開發的資深副總史威漢默，擔任「未來前進發展祕書」。他是新創事業部長，對構思、策畫、設計和開發新方案相當內行，也會製作分析財務模型及財務預估。我仰賴主管人事的資深副總波爾斯比文告訴我，公司的人力資源和基本訓練制度，是否達到必要的深度，使我們得以朝下一步發展。主管營運資深副總柯雷恩，是我評估是否能夠確實執行某個計畫的祕密武器，他知道以優異為標準，需要什麼要素才能達到目標。烹飪資深副總羅曼諾，專長於仔細設計所有食譜的細節，也幫助我取消不成熟的計畫，提供廚房設計的基本知識，並貢獻寶貴的烹飪意見，好讓我們做出來的菜都非常可口。

每週二早上我與這個「廚房內閣」開會九十分鐘，討論公司的方針大計，也納入首席顧問「智慧守門員」高柏格（Richard Goldberg），他的頭腦非常好，也是高明的老師，自普士高律師事務所（Proskauer Rose）合夥人退休以後，便擔任我們的首席顧問。

還有一位是社區投資指導德克森（Jenny Dirksen），她負責做會議紀錄，確定我們同意的事要切實執行，所做的承諾也要實現。她也是「議程負責人」，每一與會者只要在前一週提交德克森，並發給我們每人相關的資料，以便事先準備開會時討論，即可每週提出和「擁有」一項議案。德克森是很有經驗的員工，她的意見很受重視，所以不管我們討論什麼議題，她都可以自由表達贊同、反對或不同角度的看法。廚房內閣會議使我為公司做決策時，能夠得到平衡的意見。公司所有利害關係人的看法，都有值得信賴的代表加以提出。

即便新交易的每一個商業層面都討論、分析、檢討過，我還是會打電話給我的「生命平衡祕書」奧黛麗，她通常會對某個商業考量上可能不錯的決定，提出對我個人和家庭好不好的意見。

當我失去平衡時，奧黛麗是第一個會察覺和提醒我注意的人。她知道我對新商機的心態，就像登山者看另一座山那樣。遠看也許是很誘人的挑戰，但是仔細檢視，許多機會其實根本沒那麼好。我很想看看上山時的景觀，也很好奇從山頂望去是如何一番景象。我對爬山特別喜歡的一點，是要去認識所有要一起協力爬上山的人，由此帶來的挑戰和冒險。每一趟商業旅程都吸引一群新的參與者：主廚、總經理、經理、廚師、侍者、接待員、訂位員、記帳員等。與新鮮團隊共創新事業所帶來的喜樂，是讓我感到高興的一個主因。

我做決定前，也會向一小群長期信賴的朋友和老師請教。他們很多都只是認識，甚至是顧客，有些也變成我新餐廳的投資人。他們的商業見地和專長，往往證明是不可或缺的。他們很了解我，在我考慮事情時，看到有必要就會提醒我注意。他們的出發點都是為支持我和尊重我。我非常用心地使自己身邊圍繞著十分能幹且誠實正直的人，帶給我不同的意見。

探討和協助開創新事業是資深副總史威漢默的事，新事業必須符合我們的策略願景，並能夠促進與潛在生意夥伴的對話。如果進入第二次洽談，史威漢默和我就會與其他合夥人討論這個計畫，接受他們挑毛病。羅曼諾提供我們深思熟慮的平衡觀點，因為他有點反對冒險，分析能力又特別強。

柯雷恩則最實際，他知道開辦新事業需要什麼，說話也毫無保留。他還懂得美食美酒，以不辭辛苦地發掘最優者為職志，積極介入遴選主廚和總經理的工作。當我們的成長速度超過做到最高品質的能力時，他每每堅持我們必須停下腳步，因為如果發展出了差錯，他和他的團隊就得負責收拾殘局。人事副總時時督促我們盯住員工的素質和能力，因為**員工是公司的核心力量**。他最清楚任一時刻，公司的人力有多強或多弱；也是從一九八五年第一天一開始，就一直跟著我的唯一同事。

儘管過程中不時會製造一些良性緊張氣氛，但我積極徵詢合夥人的意見，也從中獲益良多。我們交談始終是坦白、熱烈、具建設性。考慮各種選項時，我會仔細衡量他們所有的意見，還有我自己的直覺。片面做成長的決策，不是我的作風，我認為那種決策最後不會讓我們得到最大的成功。取得共識很重要，這樣我們投入新事業時才會是更有效率的團隊，才更能脫穎而出。

直到今天，我偶爾仍會懊惱於九〇年代，放棄了在聯合廣場餐廳隔壁、都會咖啡廳（Metropolis Cafe）原址，開一家新餐廳的機會。縱使我百分之百相信，這在當時對公司是正確的決定，不過這是唯一讓我一直想起錯過的交易，主要原因是我幾乎每天都要經過那裡。

都會咖啡廳也在一九八五年開幕，只比聯合廣場餐廳早幾天；它位於東十六街和聯合廣場西側交界處西北角，比所有遠眺公園的其他餐廳，更受惠於聯合廣場周圍愈來愈多的開發和活力。如今公園裡幾乎聚集了各色人等，有附近居民、商人、學生、購物者、看戲者和觀光客。都會咖啡廳直接對著聯合廣場，在沿十六街長的那一邊、和聯合廣場餐廳相鄰的地方，有一條狹長的露台，讓人很想坐下來，看著絡繹不絕的行人，有點像羅馬市中心維尼托大道（Via Veneto）的咖啡店。

我們這兩家餐廳是同一個房東，我跟都會咖啡廳的老闆相處融洽，所以他打算結束營業時，我有機會先看一看。那裡的環境和地點都很理想，我非常感興趣，但是尚無開第二家店的意願；我心理沒有準備好，公司也沒有擴張的準備。一九九一年時，我還在掙扎要不要和該不該擴充。

我知道當時的決定是對的。那時我們各層級的管理經驗還不夠深厚，加上我自己猶豫不決，若是在那裡開店，可能會出問題。如果當時決定要做，三年後絕不可能再開格拉梅西小館。為檢驗我有多想要租個場地或完成一筆交易，我總是問自己：**如果免費相送，我是否會接受這筆交易**？這聽起來很簡單，我知道，但是很有用。信不信由你，我對這個問題的答案多半是「不」。

一九九三年，我跟柯里奇歐在紐約市四處尋找正在醞釀的新餐廳地點（後來成為格拉梅西小館）。有一天我們到格林威治村，去看不久前關門的馬車房餐廳（Coach House Restaurant）。我們走過那荒廢的空間，它曾是生意興隆的美式餐廳，得過《紐約時報》的四顆星評價，也是詹姆斯・貝爾德的最愛之一。現在它殘破、發出霉味；比停業餐廳更難聞的東西並不多。看過那個地方之後，我們過到對街，看著那棟建築，心中盤算。

我說：「這個地方就是免費我也不要。」柯里奇歐完全贊同，於是我們放棄了。

不久後，馬利歐・巴塔利（Mario Batali）和巴斯提許（Joe Bastianich）就在那個地方開了極受歡迎的一流餐廳巴波（Babbo），創造了奇蹟。他們憑直覺知道那個地方適合他們，但就是與我們無緣。

選新餐廳的地點很像試穿新鞋子。款式要對、大小要合、穿起來要舒服，否則我根本不會買；即使買了，也從來不穿。我拒絕過不少開發商提出來條件優厚的交易，基本上等於免費贈送，也知道拒絕可能令合夥人和投資人失望。但是單單免費，並不代表這筆交易就很划算或非做不可。

天下真的沒有白吃的午餐。我們發現，即使房東或開發商很慷慨，願意負擔興建新餐廳的部分或全部成本，但他們一定有很理所當然而真實的期待，我們必須加以考慮。例如「現代」是我們一家餐館，但是其營運必須與現代美術館的整體目標協調一致。那裡不能舉辦婚禮或募款活動，而這正是餐廳最賺錢的來源。十一號麥迪遜公園和塔布拉也是我們的館子，但其營運必須考慮所在的巨型辦公大樓（瑞士

選新餐廳地點很像試穿新鞋子。免得買了，也從來不穿。

信貸銀行總部）的商業宗旨。只要推出新活動，都得事先知會大樓，有時他們會影響到我們的生意。像「九一一」以後大樓提高安全措施，塔布拉的中庭就必須縮小，以容納一堵大水泥花架牆阻擋車輛衝進來。

我對人生不是持「後照鏡」觀點，通常我都是向前看。不過我會花時間，分析決定不開新店的抉擇對不對。這種分析需要很多自知之明和一點後見之明。有些困難的「不」決定，是我認為計畫很適合我們公司，但時機不對；也有的是時機對但不適合。要我點頭必須兩個條件都符合。

一九九七年，喜達屋連鎖酒店（Starwood Hotels）打算推出新品牌——W酒店（W Hotel），他們的高階主管來跟我們接觸，討論在第一家紐約W酒店（列辛頓大道〔Lexington Avenue〕和五十街交會口）開新餐館的計畫。

我有三個主要的顧慮：**第一**，**時機絕對錯誤**。當時我們正在規畫設計十一號麥迪遜公園和塔布拉，僅只這個雙重計畫就逼得我必須問自己，能不能維持現有兩家餐廳的優異水準，同時兼顧再開兩家新餐廳。有人已經認為，我們一次同時開兩家大張旗鼓的精緻餐廳是腦筋有問題，所以再加一個新計畫無異是瘋狂之舉。要把兩家新餐廳變成上等場所，必須投入時間和精神，培養必要的靈魂。我覺得我們不需要再加一個計畫。

第二個問題是**地點**。我依然堅持，從家裡走到每家餐廳的時間不能超過五分鐘。（十九年來第一個例外，便是為紐約現代美術館開餐廳和咖啡廳。）

第三是**情境問題**。我遇到的喜達屋高階主管，把他們如何為新品牌定位說得一清二楚。他們的目標是時髦、新潮、前衛、更年輕版的四季酒店（Four Seasons）；訴求的對象則是，想要在住房時增添一點俱樂部體驗的高階層旅行常客。可是每次聽到要進行的計畫裡強調的是「時髦」而非「持久」，我的警戒心就會升起。這牽涉到認識自己的定位，以及把產品放在適合的環境下。而喜達屋的陳述完全不像是我迄今所開的餐廳所走的路線，因此我們放棄這個機會。它的時機、地點跟情境完全不合。

一九九九年，我們開辦十一號麥迪遜公園和塔布拉後不久，喜達屋集團的開發商又來找我們，這次是要在下一個大規模 W 酒店開餐廳，地點就在聯合廣場旁邊，位於重新整修過的守護神壽險大樓（Guardian Life Building）裡。現在時間很合、地點完美，W 品牌也實現了最初追求新潮的願景，可是情境仍然通不過我直覺的檢驗。塔布拉口感十足的風味和裝潢，吸引著年輕活力的客群，這原本是可以用的概念，可惜我們剛在北邊八條街外的地方開了塔布拉。只好再次放棄機會。

旅館業大亨施瑞吉（Ian Schrager），也曾於二〇〇四年邀請我們去開餐廳。那家旅館面對紐約另一處美麗的公園，這個機會很誘人。史威漢默和我都知道，應該仔細檢視情境、時機和對公司的價值。那家旅館位置適中，就在格拉梅西公園對街，離我們的辦公室和五家餐廳只有幾條街遠，離我家也只有三步路，地點再好不過。基於我們開餐廳一向喜歡與公園有關聯，所以跟施瑞吉見了兩次面。他大加誇讚我們各家餐廳，並提出他打算給我們的優惠條件，實在無法令人不心動。我坐在那裡心想：這可是大大的賺錢事業，我們怎麼能不做？

施瑞吉因為在一九七七年與已故盧貝爾（Steve Rubell）創辦了「54俱樂部」（Studio 54）迪斯可舞廳而享有盛名。他告訴我們，要把自家酒店裝修成「市中心版皮耶爾酒店（Pierre）」，那是俯覽中央公園的貴婦級美輪美奐大酒店，又說打算把它創造為歷久不衰的個人傳奇——對於我們被公認善於創造的那種「紐約地標」，這將是絕佳的環境。

但我還是不放心，對他說：「我必須確定，這不是在傳統的畫作上，配一個新潮畫框。也許你會說，你只是想把我們的畫掛在你的酒店裡。不過我雖然欣賞你們的風格，可是那跟我們的差很多。」

他說：「你一定要信任我。我和以前不一樣了。我們要低姿態，要品質。這將是我的經典之作。我甚至可以跟你們合作酒吧的生意，並把宴席的生意轉給你們的新外燴公司。請相信我，你們很合適這個計畫。」他的話開始有說服力了。

我們粗估他的提議，這生意可能高達一千兩百萬美元。看他如此成功地回答我們一切的顧慮，我幾乎有意不理會直覺的感受，逕自去相信他提供的情境。

我針對那個誘惑，用一週時間跟自己辯論：他是改變作風的施瑞吉，不再熱中於開熱門的店，擠上《紐約郵報》第六版，對狗仔隊和八卦消息不再感興趣；他的公司擁有世界各地的高檔旅館。他說他要做有意義、經得起時間考驗的事，那正是他找我們的原由。如果他只是要辦一家熱門的新餐廳，大可以找世界各地跟他有關係的任何餐廳老闆。他們一定立刻答應。

這筆生意對我們非常有利。史威漢默要我們仔細考慮策略上的問題：是否有足夠空間，讓即將開始營業的哈德遜庭院外燴公司主辦宴會；能否提供高階員工成長的機會。同樣重要的是，有沒有足夠的高階員工，來經營這家餐廳。我們的團隊裡，有沒有人已準備好升任主廚或總經理？展望未來，是否在三十個月內，當新酒店開張時，有人已足以擔當大任？奧黛麗問了一個很好的問題：「你真的想每天早上溜狗和送小孩上學時，都走過那家餐廳嗎？你會永遠脫離不了它的掌握。」

而且施瑞吉的餐廳，會牴觸我們剛接下的現代美術館龐大計畫。雖然酒店還要將近三年才開張，但是我們極為投入美術館餐廳的開辦工作，所以根本沒有時間或心思去做那個夢。這一次是被時機救了！我得以免於煩惱那個環境是否真的適合我們。不管提議有多誘人，我們還是選擇放棄。

還有另一種「未曾選擇的路」，是介於絕對的「不」和明確的「是」之間的決定。例如，捷藍航空公司找上我們承包機場的飲食攤位，他們重視優異和以員工為第一的款待作風，似乎與我們的企業文化十分契合。所以純粹為了有機會學習，聽聽他們的提議也滿值得的。

捷藍航空的主管說明，由於「九一一」以後安全措施提高，旅客待在機場的「駐足時間」很長，而且他們公司不供應餐點，所以這個商機有很大的成長空間。這筆生意的銷售潛力似乎不小。他們的主管說：「我們很喜歡你們的餐廳，也喜歡你們做生意的方式，覺得那符合我們的文化。我們想走在這一行的最尖端，也想跟你們談一談。」

我們相約在甘迺迪國際機場見面，而且好好地參觀了他們航空站的藍圖和作業計畫。可惜這一次時機還是不對，現代美術館新餐廳還有一年就要開張，我們全心全意在執行那邊的計畫，沒有多餘的能力好好把握這個新機會。

不過在探討的過程中我們發現，也許有一天時機成熟，便可以進入機場飲食供應領域。說「時候未到」的風險是，機會可能被更有準備的別家公司搶走，但我們的希望是，假使能與捷藍航空建立鞏固的關係，同時不損及我們的品質（和供貨）商譽，那麼這個機會有一天也許會跟我們的時機相吻合。我相信有一天，我們會具備執行這個案子的作業能力、策略方法和人力資源。

時機就是一切。這門重要的藝術，不僅決定是否應該達成交易，更是為了知道在未來某個地方是否可能進行這樣的交易。特別是在無法達成交易的時機因素下，與潛在的未來夥伴保持密切聯繫是有價值的。雖然今天潛在的商業交易可能會在以後消失，但也可能有一天演變為更大、更好、更有質感的東西。耐心是有回報的。

耐心是有回報的。

可能有天演變為更大、更好、更有質感的東西。

我想要以自己的方式擴展公司。

我對公司長期、堅定的看法是，無論一筆交易有多誘人，所有一切都排在「情境」之後。二〇〇〇年代初期，有人曾短暫地徵詢我們，要不要在曼哈頓哥倫布圓環（Columbus Circle）龐大的時代華納中心（Time Warner Center）開餐廳。有個根本的問題在於，其他高階餐廳也打算開在那裡。有精緻餐廳群聚於此，使開發商相信那些餐廳會構成關鍵數量，因此這個餐飲中心會很成功。然而不論前景多麼看好，我對眾多一流餐廳聚集在曼哈頓的購物中心並不特別感興趣。

時代華納中心的這個機會，幾乎各方面都不理想。撇開個人喜好不算，我相信其他紐約市民也寧可去位於一樓可以好好吃飯的餐廳，而不是躲在購物中心高樓層的地方吃飯。二來，購物中心本身和民眾在那裡購物的經驗，不像是適合我們可能開的餐廳，或者為它增添價值。再者，在時代華納中心開店，不代表公司有我們所期待的長進；那裡沒有可以往來的真正社群，也沒有我們可以發揮創意去補足的利基市場。我知道我們不需要這種交易。

有一天，八歲女兒海莉參加完週末足球、我開車送她回家時，證明自己做了正確的決定。那天車行速度很慢，我們在哥倫布圓環工地旁走走停停。當時那裡只是一個挖了大坑的工地，我問海莉：「如果爸爸在這裡開餐廳，妳覺得怎麼樣？」她瞪著地上的大洞，問我說：

「你為什麼要在這裡開餐廳？」

我解釋說：「這裡要蓋一棟漂亮的大樓，裡面會有豪華的酒店、漂亮的爵士音樂廳（林肯中心爵士管弦樂團）、還有一家大電視台（CNN）。許多喜歡餐廳的人會住在最上面，也會有店鋪、雜貨店、健身中心，和另外四、五家高檔餐廳。」

聽完以後，海莉大哭了起來。她說：「我不要別人去你的餐廳是為了做別的事。你不要開這種餐廳。我要人家是因為想去才去你的餐廳。」

從那天開始，我把海莉加到我的非正式顧問名單上。我知道她是對的。她很聰明地告訴我，那裡的情境不適合我們公司。

不久後，我又有機會告訴海莉，另外一個生意的機會，也是在會有很多人不為吃飯而聚集的地點，不過這回那裡只有我們一家餐廳。我們會有專為客人開的入口，讓反正要來這裡的訪客，在與餐廳的對話上有一些新經驗。

就許多方面來說，在現代美術館開設「現代」餐廳和另外兩家咖啡店，是我做過最大的賭博，也是對我們公司核心價值觀和能力的試煉。如果說有值得去努力的成長和拓展機會，那這次就是了。就概念、情境和複雜度而言，我們都將進入新的領域。如果新事業能夠成功，將為我們的生意打開難以想像的機會大門。

CHAPTER 13

款待的藝術

成長的勇氣必須有放手的勇氣相配合才行。
凡是擴展生意，過程均是無比大的挑戰，對剛升至最高位的領導人尤其如此，因為他們有想要控制一切細節的癖性。
你必須懂得放手，讓周圍有一群代理人——知道如何做決定和達成目標的人，他們也會以你的方式對待別人。
這些人可以自在地表達自己，也滿足於協助團體實現最大潛能的角色。

二〇〇四年十一月二十日，是我永生難忘的日子。在我們家雅好藝術的觀念裡，紐約現代美術館吸引人的程度不下於世界七大奇觀。它自二〇〇一年起閉館進行大規模整修。三年後、以紅色標示的日子，在藝文界引頸期盼下，現代美術館終於重新開幕。聯合廣場餐飲集團也躬逢其盛，在美術館館區內開設四個餐飲據點。對我們而言，這不僅涉及如何規畫和營運所有美術館的餐飲設施，更必須在這國際著名的機構大興土木，準備完成任務。那種壓力和受注目的程度使我感到麻木，以致有一種超現實的冷靜感。

在生意人這一面，我聽到兩股內在的聲音。一股督促我要成功、擴展和成長；另一股則是不斷瞻前顧後地輕聲提醒我：「要小心。多想一想，慢慢來。」有時必須被打好幾個耳光，我的競爭意志才會升起，然後告訴自己：「好，我準備應戰了。」我真心希望公司能贏得利害關係重大的美術館合約，現在合約到手，我又擔心我們是否自不量力。

美術館本身竭盡所能克服所有最後一刻出現的複雜工程障礙和延誤，以便及時在已宣布的日期（十一月二十日）重新開幕，這也迫使我們必須在那一天開張。更令人傷腦筋的是，美術館決定在開幕這天讓民眾免費入場，屆時可能有兩萬人湧入館內。你沒辦法叫參觀者別到餐廳用餐，所以不管準備好了沒，我們都得供應他們飲食。

儘管只有四天時間訓練員工，我們還是設法讓二號咖啡廳在那天開張，這是我們頭一遭嘗試傳統美術館自助式餐廳，當日總共服務了約一千五百人。在供應甜點與輕食的咖啡店五號平台，我們則接待了五百個饑腸轆轆的遊客；「現代」附設的酒吧間也有二百五十多個客人。由於館方禁止二號咖啡廳與五號平台進行大火烹煮（廚房在地下室，又沒有通往五樓的送餐升降梯），只見生疏的員工推著擺滿餐點菜餚的白色餐車，在公用電梯中與參觀人潮擠上擠下。

新進員工那天是生氣勃勃地來上工，我卻擔心他們的訓練不知道夠不夠應付即將面臨的繁重工作。僅只三個多月，我們集團的員工總數便增加將近五成，由六百五十人增至一千多人。而且我們是在不夠標準的情況下，召集到那麼多人：沒有充分時間仔細面談、雇用和訓練新員工。事實上是沒有地方進行訓練。工程進度延誤使餐廳拿不到使用執照，在十月之前這些空間根本不堪進駐。即便雇用了員工，也沒有置物空間給他們用，連員工用廁所都付之闕如。

開辦新餐廳可能會得罪一些老客人。每次我們開新店，總有若干比例的現有顧客不打算跟著接納新的店。有些人連試吃新地方都不肯；有些人則基於禮貌吃過一次就不來了。當我首次意識到這一個事實時，感受極大的打擊。難道愛護我們的人，不見得對我們所有的作為一概接受嗎？

如今這種情況太常發生了，於是我有機會分析究竟是怎麼回事。有時忠實顧客無法接納新餐廳，就如同孩子無法百分之百歡迎新弟妹的誕生一般。顧客有一種天生的恐懼感，怕我們會忘了他。

我彷彿聽到客人在說：「他改做印度餐館幹什麼？現在他又要做烤肉餐廳嗎？他是不是

發神經了？什麼？又新開一家？賣奶凍？夠了，到此為止。他已經不管我這個客人了。」

最早向我表示擔心的客人有葛特列，他當年是哈利亞伯拉罕公司發行人。葛特列自一九八五年起即在聯合廣場餐廳第二十四桌用午餐，此後十八年如一日保持這個習慣。後來他變成很好的朋友，總是提出用心良苦的意見，我倆也經常交談。他的反應一向都很威嚴、直接。一九九四年，我打算開格拉梅西小館時，他說：「你不可以再開第二家餐館。否則在這裡我們再也看不到你了。一切會完全變樣。」

葛特列也擔任現代美術館的信託人，四年後我再度擴張，開了塔布拉與十一號麥迪遜公園，他同樣表示憂心。好笑的是，一九九〇年代初，當格拉梅西小館尚不存在前，想說服我到現代美術館開餐廳的就是他。我們在他的辦公室見面，葛特列代表信託委員會做說客。

那時館內在二樓設有餐廳，名為「會員餐廳」（Members' Dining Room）。我從小即對現代美術館著迷，父母兩邊的親戚均認真蒐集當代藝術品，家母經營過畫廊，又是聖路易美術館（St. Louis Art Museum）的信託人。我家廚房裡掛的月曆一定來自現代美術館，家中也擺設取自現代美術館設計典藏的各色產品。事實上雙親結縭二十五年，除子女之外，維持兩人繼續在一起的恐怕便是對現代藝術的共同愛好。

葛特列說得懇切，令人不得不心動。但是經過二、三次慫恿我的會面後，我考慮了很久，最後告訴他，我尚不打算開第二家餐廳；如果要開，也不敢想是開在中城區。我住在市中心，也明白走路就能到自己開的每家餐館對經營成功有多麼重要。更何況開一家只有開館時間才能用餐的店，似乎也不合經濟原則。這種店沒有直通人行道的專屬出入口，基本上只能做午餐生意。

多年來葛特列一直是良師兼益友。二○○一年年中的某天，他來電表示，有個讓人興奮的消息要告訴我。我們見面後他向我透露：「美術館要關閉，要進行前所未見的大幅擴建和整修。」他還說：「我們打算在整修好的館內設餐廳，而且這一次十分重視食物。館方願意談談，有專屬出入口通往街上的獨立餐館。」

他想起我們十年前的討論，便說：「這一次你得認真考慮才行。針對在現代美術館用餐，你和你的團隊可以做出叫人刮目相看的安排。一定還會有別人來競標，可是你們務必要提企劃案。」

那次之後我們沒有再見過幾回面，葛特列便於數週後突然過世，享年六十七歲。有幸結識他的人都沒想到，這麼快就要跟他道別。他透露現代美術館將進行歷史性的擴建，並堅持我們要參與其事，這促使我積極努力創造出紀念我倆多年友誼的成果。

二○○一年十一月，史威漢默及我與現代美術館兩位高階主管：賈拉（James Gara）和馬吉提克（Mike Margitich），舉行了首次說明會。我們得知，館方不僅要重開一家餐廳，還要開三家簡餐店，兩個給參觀民眾，一個給美術館員工。這次獲選的餐廳組織，也會成為館方辦活動時「優先」（但非獨家）餐點供應商。

那兩位主管鼓勵我們，考慮在搬離曼哈頓三年期間的臨時館址——設於皇后區長島市的現代美術館QNS（MoMA QNS），開一個飲食攤。他們熱切地表示，即將在現代美術館QNS展出「馬諦斯—畢卡索」（Matisse-Picasso）特展極為熱門，會有大批人潮湧進。這次談話好像暗示，誰肯經營臨時攤位，便會得到他們另眼相看，將來現代美術館在西五十三街開幕重新時，角逐那個大案會享有競爭優勢。

遺憾的是，現在到皇后區開飲食攤，簡直是最糟時機。藍煙仍在開業前大興土木的陣痛階段，我們很快便確定，沒有能力同時把兩個計畫都做好。要再次拒絕現代美術館實在極為困難，然而這是正確的決定。

不過我們還是向館方保證，非常有興趣和他們討論未來更大規模的案子；為維持與現代美術館的關係不斷，在其後一年內，我們又與他們的高階主管、策展人和信託人開了好幾次會。當館方把地下室的影片中心，暫時遷往列辛頓大道旁，東二十三街的格拉梅西電影院（Gramercy Theater）時，新機會來了，那裡距我們的三家餐廳，走幾步路就到了。

我們談出一個共同促銷方案：美術館會員來觀賞一部現代美術館影片，即可獲得一張招待券，憑券可兌換十一號麥迪遜公園、塔布拉或藍煙的甜點一份。我們一直保持往來到二〇〇二年底，那是館方收受企劃案的截止期限。

在現代美術館內供應餐點看似大好商機，可是我們並非百分之百確定真的想贏得這樁生意。多年來，我們接到過房地產開發商無數的邀約，始終享有可以挑三撿四的餘裕。現在主客異位，要讓別人來對我們品頭論足，感覺不太自在。我對那時公司的成長步調，以及為求保持優勢應該採取什麼成長速度，再次犯了矛盾情緒盤據心頭的老毛病。現代美術館的計畫能夠把我們帶進機構餐飲、簡餐速食及外燴的領域，讓我們的企業轉型；而四家館內新餐飲設施及一家館外外燴設施，所需要的新員工將使公司規模爆增。這種好大喜功的白日夢，我那些老謀深算的同事和親友，不是向來勸我不可做嗎？

可是這次很不尋常。我習於請教：「〇〇〇，你覺得怎麼樣？」的親朋好友，現在居然鼓勵我。葛特列直到過世時，仍然拚命督促我提案，可是以往每次我新開一家餐館，他都要不滿地埋怨一番。家母此時是現代美術館版畫暨插畫書（Prints and Illustrated Books）委員會委員，她對企業成長的看法受父親屢屢擴張失敗所影響，可是我們打算在館內開餐廳的想法令她樂不可支。外公曾慷慨支持現代美術館，如今他已到人生黃昏階段，卻鼓勵我繼續其志。我對自己周圍的領導團隊愈來愈有信心，最要緊的是我相信自己，也相信本身的動機。

因此，能夠為紐約現代美術館開創新事物的想法，讓我躍躍欲試。這次創業在我看來，不只是一個商機，更是難能可貴的特別機遇。奧黛麗明知道這個案子會耗掉我和全家多少心力，卻也說：「你當然要爭取這個機會！」事情就這樣底定了。

我不清楚評選過程的競爭對手是誰（到現在也不知道），不過我曉得當年徹底周密而煞費苦心的評審工作，將著重於三大方向：

- 整體創意構思：我們如何設計規畫餐廳、簡餐店及館方活動的外燴。
- 財務方案可帶給館方多少價值（我們提議與館方一同進行怎樣的資本投資以興建餐廳，還有我們預備付多少租金）。
- 我們可以提供什麼相關經驗和組織實力，以證明我們確實能夠實現所有承諾。

單是構想餐廳部分顯然已經不簡單，好在以我們過去的經驗，這似乎相對而言直接明瞭。至於處理館內兩家截然相異的簡餐店以及一家員工餐廳，則是全新的挑戰。由於從美術館的整修藍圖中，看不出有為外燴廚房預留足夠空間，所以我們顯然必須另外租地方，再建一個廚房。這一切所需要的經費已經構成艱巨的障礙，可是最大的問題在於，我們有沒有能耐同時耍弄那麼多盤子。

如果我們有意到已經做了二十年生意的熟悉範圍外去開餐廳，感覺上現代美術館應該是理想的地方。它在藝術界的地位，恰好是我夢想我們的餐廳能在精緻飲食界的地位：歷久彌新、高瞻遠矚、明智地以傳統為基礎、並符合時代潮流。

我請史威漢默負責為這個提案跑腿。我們並未為了做出有史以來最炫的提報，把自己搞得焦頭爛額，但是仍然找了貝克（Eric Baker）提供專業支援，他是想像力豐富的平面設計師，曾與我們合作藍煙的標章，還有許多其他案子。

我們的提案只是一份十一頁長的簡單文件，內容說明我們的特點和自認適合與美術館合作的理由。我們的財務方案保證提供不小的金額（含我們在籌建階段預備投入多少自有資金，以及將付出營業額的百分之幾做為房租）；我們為餐廳和簡餐店所做的構想富於創意，經過推敲而且完整扎實；至於相關經驗，就完全由美術館去判斷了。

儘管我很清楚，有不少我們餐廳的常客是可能參與評選的信託人，但甄選過程中，我們決定不向任何與美術館有關的人遊說。若是我們中選，我希望那是根據提案優劣做出的選擇。館方要我們參加數次與高階主管密集的面談，我有充分的把握去應對他們的問題，面談過程也令人振奮。

企劃案提出約九十天後，我們接到現代美術館營運長賈拉的電話：我們獲選了。沒多久又來一通電話，是信託人孟謝爾（Bob Menschel）打來的，他熱烈地恭喜、稱讚我們。初聽到這消息我腦筋一片空白；一瞬間，我開始想到今後又多了格外多的工作要做。被現代美術館選中並不表示已經拿到合約，還需要八個月的細節作業與洽商，到二〇〇三年十一月才會實際簽約。那八個月期間，我們不許對外宣布或與任何人討論此事。

我們雙方反覆討論各個餐飲設施的租金結構，並確立用餐區陳設的藝術品由現代美術館掌控，也決定現代美術館有權批准各餐飲設施的設計，和聘用的主廚及總經理。（館方的理由是，餐飲設施也屬於參觀美術館經驗的延伸，如此高度的控制權，可確保我們這一方不致用人不當。）接著就是你來我往地討論不動產問題；對平面圖的討論細到每一吋都不放過，再費盡心思擠進後台辦公室；又商討用哪一邊的電話系統；並協議員工可以用或不准用館內哪些洗手間。

簽約後不久，我想出餐廳的名稱。記得為聯合廣場餐廳命名時，先父曾建議：「就照它該叫的名字命名。」所以答案是「現代」。我把這個創意拿去請教信託人勞德（Ronald Lauder），他對此項餐廳計畫大力支持，幾乎當成自己的事業來關心。後來他表示董事會很贊成，於是名稱就這麼決定了。

我與同仁開始思考，能夠為美術館用餐的對話增添什麼新意。我自問：「誰規定在傳統制式的美術館情境裡，不能在親切殷勤的招待下享受優雅、私密的精緻餐飲經驗？又是誰規定，不能在傳統美術館的餐盤自助餐店，獲得熱忱的招呼，並在餐桌上吃到侍者殷勤送上的美味食物？」這兩種情況的挑戰，都是把向來制式不自由的參觀經驗，變成溫馨、個人化的經驗，使餐廳本身便足以吸引顧客上門。

美術館簡餐店可以增添什麼？首先，我們找出美術館遊客光顧簡餐店的基本理由：可以坐下來休息，很快就有東西吃，以及價格公道。美術館簡餐店的設計通常為迎合各色人等：年長者、年輕人、美國人、外國人、本地人、觀光客、學生。由於位置接近展覽廳，館內各店均不能烹煮食物，這又多出一項挑戰。我們必須想出可以在地下室的廚房煮好再送至餐廳，仍然保持新鮮美味的菜單。

我們發現，如果能夠根據客人點的餐，很快備齊新鮮材料，排除事先包好、盛好的食物，也不用餐盤，就可以做出特色。我記得那時自己搔著腦袋、苦思世界各國有什麼是事先煮好反而好吃的菜，想到最有把握的就是羅馬的大眾食堂，這是世上特有的速食概念之一，也是我學生時代在羅馬最愛吃的。這類食堂供應燉好或烘好的時令食物，也有燻肉或起司，有人點時再裝盤。此種烹調法在羅馬歷史悠久，不過在美術館餐廳這麼做還是頭一遭。這個辦法百分之百符合我們的經營模式：**把傳統烹飪觀念放入新框架中**。

至於上菜方式，我們屬意的是客人向收銀員點餐，收銀員給他一個號碼；然後客人找好座位；不久我們就會找到客人坐的地方，送上餐點。過去有餐廳這麼做，而且做得很成功。這最早其實是史威漢默建議的。起初我有所疑慮，但眼見幾家餐廳運作地不錯，我便被說服

> 把向來制式不自由的參觀經驗，變成溫馨、個人化的經驗。

了。我們用幾乎一貫的做法，重新組合現有熟悉的音符，奏出新鮮的旋律。

我們為三家簡餐店設定的用餐經驗，分別是補充（replenish）、提神（refresh）、恢復（restore）。二號咖啡廳的作用是補充，為身體提供燃料。五號平台的對面，正好是館內永久收藏的大師名畫的展覽廳，包括塞尚、秀拉、梵谷、畢卡索、馬諦斯，不一而足，這種地址對餐廳來講很不錯的。我們對五號平台的設想，是讓參觀者看過許多好作品，感到疲累後，可以來此提提神。我們會供應許多含振奮精神三寶：糖、酒精和咖啡因的食物。

在我們看來，五號平台所在的位置本身，便為美術館用餐（其實是整個參觀美術館的經驗）增色不少。在喝上一杯馬丁尼、葡萄酒，或吃完一客冰淇淋聖代、喝下一杯卡布其諾咖啡後，再去欣賞梵谷的「星夜」（*Starry Night*）或畢卡索的「亞維儂的少女」（*Les Demoiselles d'Avignon*），可以讓人有全新的感受。「現代」的作用則是恢復元氣；它既屬於美術館訪客也屬於紐約市民的，他們選擇這裡，是想坐下來好好享受一頓美食和周到的服務。現代餐廳是為滋養和寶貝美食愛好者所設計。

當美術館同意，選用我們長期合作的班特爾建築師事務所，來設計「現代」時，著實讓我們鬆了一大口氣。班特爾家族有深厚的現代主義淵源，所以他們是再適合這件複雜的任務不過了。

這個計畫在藝術上的另一重要決策，即選擇現代的主廚。我不只想把它變成一家優質的美術館附設餐廳，更要是倍受讚譽、會讓人專程前來的餐廳。我最早的想法是找一位大廚負責現代，再請另一位管理簡餐店和外燴。我認為如此劃分工作，比較可能做得面面俱到。我翻遍腦海裡的人才庫，一一考慮多位可用的人選，大部分經過三思後是完全不合用。比方我想到某人，他主要是做義大利菜，就沒有理由用他。又想到一個帶西南部口味的名廚，用他也很奇怪。走民族風，請印度、亞洲、中國或日本料理師傅，也不對勁。

現代主義藝術運動，基本上起源於奧地利、瑞士、德國、法國。現代餐廳不僅在設計上，要從美術館現有的建築物去找尋提示，還要顧及其窗外可以看到的洛克菲勒（Abby Aldrich Rockefeller）雕塑公園，裡面陳列著藝術家米羅（Joan Miró）、摩爾（Henry Moore）、畢卡索、凱利（Ellsworth Kelly）、夏皮羅（Joel Shapiro）、萊切斯（Gaston LaChaise）和賈克梅第（Alberto Giacometti）等人的名作。既然有如此優美的景觀做背景，那我們的菜色最好能構成相匹配的前景。

我曾列出一份三十人候選名單，也有人打電話毛遂自薦。有位主要的角逐者，在明白整個計畫有多龐雜之後自動退出。沒錯，如此百廢待舉的現實狀況也開始令我頭痛。距離二〇〇四年十一月開幕，倏忽已倒數只剩三百六十五天，我們必須聘好主廚，以便完成準備，正式營運；也得克服重大的設計和施工問題，這些已非假設性而是驟然間成為實實在在的問題了。

二〇〇四年元旦，我在桃樂蒂和道格・漢米頓（Dorothy and Doug Hamilton）家中參加宴會，他們是紐約最負盛名的廚藝學校法國烹飪學院（French Culinary Institute）創辦人。我在宴會上碰到這所學院的院長：法國名廚賽拉克（Alain Saillhac）。我說明了替現代美術館擘畫的願景，並請教賽拉克大廚應該聘請誰做這家餐廳的主廚，他馬上推薦一位年輕有活力的主廚，名叫蓋布瑞爾・克魯德（Gabriel Kreuther）。

我怎麼沒想到？我在曼哈頓的麗池酒店法國餐廳嘗過他的手藝，當時他是執行主廚，在那之前則待過幾年三星級的餐廳。蓋布瑞爾出身法國東北角的亞爾薩斯省（Alsace）；就我對其烹飪風格的了解（前衛、有個性、經典、精簡、富於精神層面），他似乎與現代主義的場景完全相容。他才三十五、六歲，可是已經做過幾家紐約頂尖的餐廳。

那一年，《美食美酒》雜誌把他選為美國十大最佳新進廚師。我覺得他非常適合。接下來幾個月，我陸續和蓋布瑞爾討論「現代」餐廳案，並造訪工地。等我們彼此了解後，我請他來做主廚，他接受了。

我聘請主廚時希望做到三件事：建立互信互重的密切關係；在供應餐點部分建立共同願景；鼓勵他們從內心、靈魂去尋找靈感，督促他們好還要更好。我尤其對於這些年來始終與主廚們休戚與共、忠誠相待，倍感驕傲。

經驗告訴我，要達到上述目標（以及認識新主廚的為人），有個有效的方法就是跟他一起**走訪故鄉**。跟著蓋布瑞爾來到亞爾薩斯，透過他的眼睛和味覺去看他的家園，是一段感人的經歷。當然那個地區對我也具有特殊意義；我父母剛結婚時，曾在鄰近的洛林省住過兩年。亞爾薩斯和洛林在歷史上向來是民族的熔爐，法國、德國、新教、天主教和猶太教文化共聚一堂，度過戰爭和艱困歲月，孕育出很有彈性的人民和可以滿足心靈的美食。

蓋布瑞爾為我倆設計了野心不小的行程。他挑選的餐廳，有米其林三星餐廳，有位於很靠北邊的森林中的餐館，也有亞爾薩斯小巷弄裡稀奇有趣的傳統小酒館。他帶我到從小長大的地方尼德夏佛村（Niederschaeffolsheim，人口一千二百四十六人），並告訴我，自六歲起就開始在廚房裡幫母親和祖母打雜，不滿十歲就當真開始作起菜來。他深深著迷自身家族的廚藝，稱之為「我們家的家常菜」。他從祖母和母親那裡，學到所有挑選上等新鮮食材的必要知識。

我們去他的老家，他得意的母親請我們吃大塊芒斯特起司（Muenster），味道熟成得恰到好處，比前一晚我們在三星級餐廳吃的更加美味。他母親明明知道我倆午餐還要去吃三星級餐廳，卻堅持要我們先嘗嘗自製的沙拉和起司。不過他把此行最精采的部分，安排在他母親家冷颼颼的地下室，那裡是葡萄酒酒窖，他從十四歲起就開始在此收藏葡萄酒。他指給我看當年很愛自製水果酒的地方，並用德文稱呼這種酒名，又給我一個酒瓶，裡面裝滿自家釀的李子白蘭地酒，讓我帶回紐約。那是引人入勝的三天。

我在大廚們身上發現一個通例，就是他們很多人**從小即投入大量精神努力去開創自己的人生**，使自我獲得解放，決定自己要做什麼樣的人。人需要很大的信心和精神上的安全感，才會感覺自己在外面已有足夠的成就，所以在技藝上或實質上可以「回歸原鄉」了，特別是廚師，因為他們的廚藝能夠非常清楚地洩露自己的出身。我過去與羅曼諾以及（格拉梅西小館開幕前）與柯里奇歐的「彼此熟悉」之旅，部分用意即在鼓勵他們為本身的廚藝尋根。

我要讓蓋布瑞爾能夠快一點回歸他的廚藝原鄉。我預料「現代」一定會引起高度矚目，所以他不會有慢慢學習成長的養成時間。我倒不是希望他全部複製亞爾薩斯的「小酒館」。我們若要把那種質樸的烹調引進曼哈頓現代美術館，某些元素會轉換過來，某些則否。重點在於他必須從亞爾薩斯的心出發，來為紐約人烹調。

這趟美食探險之旅，相當於梅爾版的外地管理會議，目的在讓我認識和激勵一位新同事，並與他建立情誼。我喜歡鼓勵點心師傅、廚師或執行主廚，去回憶首次成功做出巧克力碎片餅乾或巧克力方塊蛋糕時的感受。如果我能讓他們重新體驗這種成就感：解決問題和嘗到美味食物的快感，更重要的是，向父母獻寶的快樂，那我就有把握，未來我們會合作愉快。

後來又更幸運地遇到莫曼杜（Ana Marie Mormando）。二〇〇三年中，我聽說在名廚尚喬治（Jean-Georges Vongerichten）旗下餐廳、擔任營業主任多年的莫曼杜有意轉換跑道，即便我們沒有適合她的職缺，但是我願意和她面談。

當時現代美術館尚未通過我們的案子，我也尚未想到，如果得標，要請誰來負責美術館各店的營運。我和莫曼杜首次碰面時，發現她曾經營過現代美術館「會員餐廳」的前身，也有經營林肯中心多家餐廳的經驗。於是，在現代美術館的店開業前，我們請她過來做了一整年，負責督導工程和開幕時程，也希望她能體會一下聯合廣場餐飲集團的文化，並充分融入其中。

莫曼杜領導三百餘名員工組成的出色團隊，在時間緊迫、練習不足和壓力毫不稍緩的情況下，讓我們在現代美術館的各家店順利開幕。

預定開幕日前最後那段日子，事實很明顯，我們難以趕在十一月二十日開張，記得我對館方高階主管說了些十分不中聽的話：「餐廳跟藝術作品不一樣。餐廳不是靜止不動的東西，沒辦法訂個日期，往牆上一掛，就指望它能運作，甚至做得像個樣子。餐廳需要訓練、調整、找出經營重點，並不斷修正。」這是我試著用感性方式，把館方的要求近乎辦不到的事實：在急迫、高壓的狀況下，必須雇用和訓練這麼多員工，說得比較委婉。後來館方勉強同意，把餐廳對外的開幕日延至二〇〇五年一月。二月七日，「現代」終於對外開張。第二天晚上，二月八日，紐約時報餐廳評論家布魯尼便上門光臨。

我們事先不知情，但他也到十一號麥迪遜公園吃了飯。二月二十三日他的兩顆星評價出爐，大出員工意料之外，造成全體士氣低落。我們從來不知道他的模樣（食評家的習慣是盡可能匿名，即使需要變裝上餐廳也再所不惜），不過他首次來「現代」時，一個剛好在酒吧裡的香檳業務員指著坐在某桌的黑髮男子，對我們的酒保說：「坐在那邊的就是布魯尼。」就我們能算得出來的部分，這位食評家一共來過十一次，才終於蒐集到足夠的資訊以撰寫評論。至少單是他屢次光顧，已為我們的餐廳貢獻了不少營收。

在我所開的餐廳中，員工在等待評論期間，從來沒有像「現代」的員工那麼在意和緊張的。經理、廚師和侍者們，由於太過在意會得到多好或多壞的評價，反而讓很多人的言行都變得不自然。二〇〇五年三月底，布魯尼來過的次日早晨，我與家人正在佛州長船礁（Longboat Key）過春假。當我打完網球正要離開時接到莫曼杜打來的電話，她說昨天晚上發生一件可怕的事。布魯尼吃完飯去取外套時，有個酒吧領班走上前去對他說，十分感謝布魯尼剛給了她朋友的餐廳榮耀的兩顆星評價，那是位於布魯克林的一家小店，名叫「石頭公園小館」（Stone Park Cafe）。

有些員工因為這位酒吧領班破壞規矩而反應激烈，而那條可笑的重要規矩是：即使認得誰是食評家，也一定要假裝不知道。所以莫曼杜說，這位酒吧領班的行為很不專業，問我現在該怎麼辦？我忍不住笑出來。

有客人再度上門，即使三、四次，我們卻不特別熱烈地去招待他，那已經不太自然，更別說是來過十一次了。那位酒吧領班正是表現著「款待者」的靈魂！而我感覺，靈魂似乎便是「現代」所欠缺的。我們在技術上很快就會純熟，因為鑑於我們站在燈火通明的大舞台上（有那麼多信託人、美食家、記者和我們其他餐廳的常客，近距離盯著看），其實我是採取與平常相反的策略，以雇用四九％人為主，好借重他們老道的技術長才。然而這些員工較為拘泥，又自己給自己追求完美的壓力，反而變得神經兮兮，造成服務不及我們所要求的那麼親切和周到，或不如客人的預期。

像這類事件發生的頻率超出常態，令我意識到員工的神經有多麼緊繃。真的有人認為，誠心表達感謝會影響《紐約時報》給我們幾顆星嗎？食評者會因為餐廳裡有人跟他說過話，而降低對這家餐廳或其餐飲的評價嗎？

我總希望食評人可以更像酒評人。酒評人品嘗剛釀好的酒，卻能預測其未來：「這種酒將來會變成如此這般。成為名酒指日可待。」如果布魯尼這麼寫：「這家餐廳正在邁向三星級的軌道上快速前進。」我相信那不算欺騙讀者，也不會有損他的聲譽。

我們在構思或設計「現代」時，就不以「很好」為目標。它天生應該是「優」級，而第一年即給予此種評價的有《金融時報》（*Financial Times*）、《國際先驅論壇報》（*International Herald Tribune*，現名《國際紐約時報》）、《新聞週刊》、《君子》雜誌（獲選「美國最佳新餐廳」）、《壁紙》雜誌（*Wallpaper*）（「世界最佳新餐廳」）、《紐約旅遊休閒》雜誌（*Time Out New York*）（「紐約最佳新餐廳」）、詹姆斯貝爾德基金會（美國最佳新餐廳），甚至二〇〇六年的《米其林紐約市指南》，在「現代」開幕沒幾個月後便給它一顆星。

布魯尼的評論在某方面成為「現代」的轉折點，讓高階主管擺脫了等候和猜測的煎熬，並鼓勵他們捲起衣袖享受工作的樂趣。高壓鍋爐滾燙的鍋蓋終於掀起。我甚至認為，他的評論登出來沒多久，連「現代」的菜都更好吃了，因為蓋布瑞爾原本顧忌那篇評論，採取守勢，不敢造次；侍者們心情也放鬆，臉上開始有笑容，會直視客人的眼睛。大家之前都在努力避免失敗，而非追求成功。現在員工漸漸感到，超出別人的預期也是樂事一樁。「誰說這家餐館只有兩星級？你們實在很棒！」

其實我自己也覺得自由了。我開餐廳這麼多年，還是第一次感到心情放鬆。這項計畫規模之大，超出我想像中能掌控的範圍之遠，以致我不得不鬆手。它讓我做出向來知道該做的事：**與才華過人的同事為伍；給他們清楚的指示、目標和回應；別想事事一把抓**。不過這不包括剛開始前三、四個月，那段期間我每天到現代美術館巡訪兩趟，四處蒐集點滴資訊，翻起每塊石頭，查看每樣事情。

就我印象所及，在「現代」開張之前，美國好像沒有一家博物館或美術館的餐廳，是會吸引人專程前往的。我所知道的這類餐廳，主要都設計成方便參觀者的設施，以服務館內的人為目的，而非要與外界競爭的獨立用餐地點。我們則是決心開辦一家，即便窗外看不到世上最壯觀的雕塑公園，客人仍然會想去的餐廳。

餐廳業有時得花上好幾年，設法去爭取一群固定核心顧客的忠誠度，可是在「現代」餐廳，我們等於擁有現成的俱樂部，包含美術館、信託人、策展人和高階主管。這是我們建立新客群之際，一項難得的優勢和高層次的挑戰。

由於「現代」也是美術館第一家對大眾開放的餐廳，所以我們為自己添加了一項挑戰：如何既像專屬俱樂部、又像公共餐廳那般營運？一開始，學習兼顧這兩方面搞得我們手忙腳亂。過去打電話來習慣聽到「喂」的人，現在聽到的卻是無止境的忙線中訊號，好不容易接通了，得到的答覆是：「抱歉，我們位子已經訂滿了。」我們費盡苦心去平衡各種客群的需要，他們全都有資格受到最用心的款待：與美術館有關的社群、現有其他餐廳的老顧客、我們的投資人，當然更少不了眾多好奇的紐約市民，他們大排長龍想搶先嘗鮮。

> **餐廳業有時得花上好幾年，設法爭取一群固定核心顧客的忠誠度。**

某日，我站在「現代」餐廳裡，看到一位美術館的信託人，坐在一位職務極高的金融家旁邊。隔幾桌過去是一些遠從明尼亞波利市（Minneapolis）來的藝術愛好者觀光客，再隔不遠是另類歌手冰島的碧玉（Björk），坐在他旁邊的是很有名的書籍主編。這裡客人的背景各有千秋，而且完全預想不到每天會有誰來，那真是再好不過。我到「現代」巡視時的興奮之情，不亞於一九八五年剛開始巡視聯合廣場餐廳時的感受。我總是迫不及待地想要過去。「現代」也跟我們其他的餐廳一樣，需要時間才能充分發揮潛力，可是我有信心，它會變成一家歷久不衰的紐約優良餐館。

當我們開始著手這個案子後沒多久，十分能幹的羅瑞館長（Glenn Lowry）給了我一些衷心的忠告。他說：「不要被美術館的光環所束縛。我們選擇貴公司是基於對你們的認識。很多人太過努力配合我們，弄到最後反而表現得不是最好。」他的忠告我聽進去了，可是當我參與創辦的餐廳，有三十五呎高的窗戶，可以俯瞰洛克菲勒雕塑公園時，我沒有辦法不拚命努力去迎合它。

我為什麼不斷在爬山？因為除少數例外，永遠有更高、更陡的山等著你去攀登。我願意面對各種各樣的困難險阻，特別是當我相信，經過這些難關後，可以看到山頂壯麗的景色時，會覺得很值得。開新餐廳和開創任何新事業也都是如此。

如同過去開每一家新餐廳的情況，我深信這一次也會有好的結局。我沒有水晶球，所以無法預知這一路下去，會發生多少次挫敗，或是將來這幾家店會變成什麼樣子。不過我們別無選擇，只能不斷改進，不屈不撓地一步步努力向山上爬。

眼見我們公司又接下新的挑戰：準備擴大現有的事業，使我的情緒愈來愈高昂。複製正在經營的生意，需要一套全新的技能，也是身為專業人士的我和整個組織更上一層樓的大好機會。不論時間點為何，我們的挑戰均是：在擴充的同時，兼顧優異、款待和靈魂。當然，不管在什麼地方進行，時機和情境也務必配合得天衣無縫。

我們正是用這種方式面對擴大外燴事業的挑戰。哈德遜庭院外燴公司於二〇〇五年底開張，命名（循慣例）取自它坐落地點附近的新興社區。經過不斷尋覓，新事業小組找到位於曼哈頓區、租金又可負擔的地方，在西二十區裡面，遠眺哈德遜河。我們秉持一貫的做法，讓外燴公司與所在社區連成一氣，這反映出我們想要成為活化市內新興區域的積極關係人，那是我們更大、更長遠的目標。

我們也要把在別家餐廳效果良好的做法，應用在外燴業務上：採取有智慧的款待策略，同時挑戰自己為外燴供應餐飲的經驗增添新意。我們也會持續為哈德遜庭院外燴公司，尋找特殊的供餐方式和地點。

二〇〇五年五月某個週一下午，我回家得特別早，四點半左右就到了，以便換上正式禮服，準備參加當晚的活動：詹姆斯貝爾德基金會頒獎典禮。這麼早就回家實在太反常，以致五歲的兒子培頓丟下玩伴，跑到門口來目睹這個奇觀：「爸爸吃晚飯以前就回來了！」我一邊掙扎著換禮服，每次那都要折騰很久，一邊與兒子閒聊。

培頓指著我的領結說：「你看起來跟戴維森先生好像。」那是他們幼稚園的園長。「你今天晚上要去上學嗎？」

我說：「不是。我是要去參加頒獎典禮。」

「頒獎是什麼？」

「就是如果別人覺得你做得很好，就會給你一個像獎品一樣的東西。」

「那爸爸今天晚上會得獎嗎？」

「不知道。今天得獎的是在餐廳業做得很好的人。」

他說：「那我覺得你應該得獎。我認為 Shake Shack 是世界上最棒的餐廳，我喜歡那裡的奶凍。」

與小兒這一段愉快的相處時刻，是當天整晚發生在我身上最有意義的事情。其次有意義的事情是，在全美令人欽佩的同業當中，獲得第一個詹姆斯貝爾德傑出餐廳經營者獎。我驕傲地代表整個公司受獎。

我很清楚，我們並非因為某種菜做得特別好，或是某個概念特別獨到而得獎。我們之所以得獎，主要是**擴大了以款待為導向的商業模式**，把它的應用範圍從聯合廣場延伸到格拉梅西公園，麥迪遜廣場公園和二十七街，再到第五大道的現代美術館。我們得獎是因為，不論在Shake Shack點一客招牌漢堡和奶凍，或是在「現代」點一客加黑松露的生羔羊里脊肉片；不管是放在紙盤或精緻瓷盤上食用，我們均準備了豐富的飲食來滋養和呵護客人。我們的職責和樂趣所在，便是開設讓人吃完還想再來的餐廳，以及建立回饋社區不亞於自社區受惠程度的事業。

二十多年來，我們努力集結與餐廳成敗真正有利害關係的人，組成一個大社群。由於我們先付出忠誠，他們也充分地予以回報。當人們選擇成為聯合廣場餐廳、格拉梅西小館、十一號麥迪遜公園、塔布拉、藍煙、爵士標準、現代、美術館的簡餐店、Shake Shack，或哈德遜庭院外燴公司的常客，就等於告訴我們：「這裡是讓我感覺最像家的地方。」

我在世上最困難的行業中，打造事業

美國傳奇餐飲大亨翻轉商業模式、影響全球的款待藝術

作者	丹尼・梅爾（Danny Meyer）
譯者	顧淑馨
商周集團執行長	郭奕伶
視覺顧問	陳栩椿
商業周刊出版部	
總編輯	余幸娟
責任編輯	呂美雲
封面設計	copy
內頁排版	copy
出版發行	城邦文化事業股份有限公司-商業周刊
地址	104台北市中山區民生東路二段141號4樓 電話：（02）2505-6789　傳真：（02）2503-6399
讀者服務專線	（02）2510-8888
商周集團網站服務信箱	mailbox@bwnet.com.tw
劃撥帳號	50003033
戶名	英屬蓋曼群島商家庭傳媒股份有限公司城邦分公司
網站	www.businessweekly.com.tw
香港發行所	城邦（香港）出版集團有限公司 香港灣仔駱克道193號東超商業中心1樓 電話：(852) 2508-6231　傳真：(852) 2578-9337 E-mail：hkcite@biznetvigator.com
製版印刷	鴻柏印刷事業股份有限公司
總經銷	聯合發行股份有限公司　電話：(02) 2917-8022
初版 1 刷	2019年7月
初版 5 刷	2023年8月
定價	380元
ISBN	978-986-7778-72-7（平裝）

國家圖書館出版品預行編目資料

我在世上最困難的行業中，打造事業：美國傳奇餐飲大亨翻轉商業模式、影響全球的款待藝術／丹尼・梅爾（Danny Meyer）著；顧淑馨譯 .-- 初版 .-- 臺北市：城邦商業周刊，108.07
320 面；14.8×21 公分 .
譯自：Setting the Table: The Transforming Power of Hospitality in Business
ISBN 978-986-7778-72-7（平裝）
1. 餐飲業管理
483.8　　108008981

金商道

The positive thinker sees the invisible, feels the intangible, and achieves the impossible.

惟正向思考者，能察於未見，感於無形，達於人所不能。 —— 佚名